湖北省公益学术著作出版基金资助项目
中国地质大学七十周年校庆·地学科普丛书
地下水与环境漫谈丛书

地下水与人体健康

DIXIASHUI YU RENTI JIANKANG

地下水与环境漫谈丛书编写组　编

中国地质大学出版社
ZHONGGUO DIZHI DAXUE CHUBANSHE

图书在版编目(CIP)数据

地下水与人体健康/地下水与环境漫谈丛书编写组编. —武汉：中国地质大学出版社,2022.10

(地下水与环境漫谈 / 王焰新,马腾主编)

ISBN 978-7-5625-5422-6

Ⅰ.①地…　Ⅱ.①地…　Ⅲ.①地下水–关系–健康–普及读物　Ⅳ.①P641.13–49 ②R161–49

中国版本图书馆 CIP 数据核字(2022)第 196576 号

地下水与人体健康	地下水与环境漫谈丛书编写组　编

责任编辑:段勇　　选题策划:毕克成　江广长　段勇　张旭　　责任校对:何澍语

出版发行:中国地质大学出版社(武汉市洪山区鲁磨路 388 号)　　邮编:430074
电话:(027)67883511　　　　传真:(027)67883580　　E-mail:cbb@cug.edu.cn
经销:全国新华书店　　　　　　　　　　　　　　　　　http://cugp.cug.edu.cn

开本:880 毫米×1230 毫米　1/32　　　字数:80 千字　　印张:2.75
版次:2022 年 10 月第 1 版　　　　　印次:2022 年 10 月第 1 次印刷
印刷:武汉中远印务有限公司

ISBN 978-7-5625-5422-6　　　　　　　　　　　　　　定价: 16.00 元

如有印装质量问题请与印刷厂联系调换

地下水与环境漫谈丛书编写组

组　长：王焰新

副组长：马　腾

成　员：（按姓氏笔画排序）

孙自永　陈植华　郭清海

梁　杏　靳孟贵

《地下水与人体健康》编写组

马　腾　陈柳竹

序

　　水是天地间最神奇、最重要的物质之一。人的大脑和躯体的主要组分是水，地球的最主要组分也是水。有人做过专门研究，发现地壳的化学元素丰度分布与人体血液的化学元素丰度分布十分相似。我常想：水在这种相似性中应该发挥了关键作用。无论是水分子本身的结构和性质，还是水中的各种组分，都是如此之复杂，任何人毕其一生的才智，也永远只能了解其"冰山一角"。

　　水与人一样有灵性。喜马拉雅和阿尔卑斯的清泉，是水处子般纯洁、恬静的一面；壶口瀑布的怒吼和太平洋的浩瀚是水英雄般粗犷、奔放的一面。再去听听那些被称作"纳污水体"的心声，被玷污的水正发出无限凄凉的哀鸣。水是有"记忆力"的，水的年龄、化学组成、水力学性质作为环境记录载体用于全球变化研究。人类该如何对待如此有灵性之圣物？让我告诉您我的心声吧：敬之且爱之。

　　从古至今，水都以它优秀的品质启示着人们：它不拘束、不呆板，因时而变，夜结露珠、晨飘雾霭，晴蒸祥瑞、阴披霓裳，夏为雨、冬为雪，化而生气、凝而成冰，有极强的环境适应能力；它有着博大的胸怀，"上善若水，水利万物而不争"，《道德经》也向我们讲述了水惠及万物的精神；水既适应环境，也改造环境，水至柔，却柔而有骨，九曲成河，百转千回，无论多少阻隔也从不退缩，这种毅力也值得人们学习。

　　地下水作为水资源，与人类的生产生活息息相关。我们生活饮用、农业灌溉、工业生产等所需的水相当一部分取自地下水。自古以来，人们就学会了通过打井和引泉的方式开采地下水，就领略了温泉强身健体、舒筋解乏之奇效。而地下水作为环境要素，与健康密切相关，常饮优质地下水可以益寿延年。但地下水中的有毒有害物质通过地下水排泄和供水、灌溉、水产养殖等地下水利用方式进入地表环境，并经饮水和食物链进入人体、动物和生态系统中，会严重危害生命健康与环境健康。

我国水资源时空分布不均，许多老百姓吃水难或吃不上干净的水。受地下水原生环境制约和人类活动影响，地下水质恶化引发的水安全、粮食安全和生态安全问题，成为可持续发展面临的重大挑战。我国广泛分布有天然高砷、高氟、高碘等原生劣质地下水，直接威胁大量人群的饮水安全和身体健康；工农业和城市化的快速发展、矿业活动和能源开发导致的地下水污染问题日趋严重，新污染物不断出现，区域性地下水咸化、酸化问题凸显，严重制约我国经济社会可持续发展，威胁人民的生存环境。

因此，为提高人们保护地下水意识、加强地下水污染防治力度，中国地质大学（武汉）地下水与环境国家级教学团队打造了"地下水与环境"国家精品视频公开课，围绕地下水与人类文明发展的关系，地下水的形成与演化、动态与均衡开展科普教育，通俗易懂地讲述了地下水与人类健康、地质环境、地热能、生态、地表水之间的关系，以达到普及地下水知识、增强地下水保护意识、提升地下水科技创新能力的目的。地下水与环境漫谈丛书在视频公开课的基础上进一步科普化，让读者全方位地了解地下水的资源功能、生态功能、成矿功能、信息功能，激发读者对地下水科学研究的兴趣，践行《地下水管理条例》，推动"美丽中国　宜居地球"建设。

希望这套丛书的出版，有助于普及科学文化知识，有助于地下水保护与可持续安全利用，有助于生态文明建设。果如是，地下水科学幸甚至哉，地下水科学工作者幸甚至哉。

中国科学院院士
中国地质大学（武汉）校长

前言

　　水是地球的重要组成部分。赋存于地壳和地幔岩土体空隙和矿物中的重力水、毛细水、结合水、结晶水、结构水等统称地下水。它们以固态、气态、液态、超临界态等形式存在,并在黑暗、高温、高压等极端条件下发生着水－矿物－微生物相互作用,进行着水的分解与合成以及水的相态转化,驱动着固体地球内部的物质和能量循环,从而构成了规模宏大、结构和过程复杂的地下水圈。从这个角度讲,地表水是地下水的"露头";地下水为地球生态系统提供了水分、营养盐分和生境条件,对地球的宜居性起着举足轻重的作用。

　　水是生命之源。众多研究显示,地球早期的生命可能起源于地下热泉。"好水酿好酒""好水泡好茶""一方水土养一方人"等俗语均与地下水有关,孕育了博大精深的"茶文化""酒文化"和"中医药"等中华传统文化。地下水是一种组成复杂的溶液,至今我们仍配制不出和"天然地下水"完全一致的"人工地下水"。有学者称"水是药,矿泉水才是最好的药",可见地下水中富集了对人体健康有益的关键组分;与此同时,地下水中还会富集对人体健康不利的有害组分,如砷、氟等,会引发地方性人体疾病。为此,我们亟需认识地下水水质是如何形成的,其关键组分的迁移和富集机制是什么,这些关键组分是如何通过生态系统直接或间接地影响人体健康的。

　　变化环境下地下水与人体健康的关系存在更多的复杂性,人类活动影响着地下水的时空分布规律,并引发了诸多地下水污染问题,产生了诸多地下水新兴污染物(包括生物污染物)。在全球气候变暖背景下,地下水水质演化呈现出原生组分与次生组分交织、无机物 – 有机物 – 生物污染物协同共存、地下水环境快速演替等特点。在经济全球化背景下,生态产品的流通范围和速度加快,人群流动快速,人体健康问题存在高度不确定性。为此,亟待从"同一健康"视角认识地下水对人体健康的影响。

本书是"地下水与环境漫谈丛书"中的一册。它是王焰新院士领导的地下水与环境国家级教学团队对多年教学科研实践的系统总结,是"地下水与环境"国家精品视频公开课教案的补充和发展,旨在普及"地下水与生命""地下水中关键组分的富集""地下水质与人体健康"3 方面的知识。

本书参考并引用了大量文献,少量图片素材来源于网络或根据网络素材修改而成,编写组在此对文献的作者致以诚挚的感谢。本书由马腾教授、陈柳竹副教授最终统稿,研究生尚睿华、周宫宇、陈钰、彭子琪、陈占强、刘玉彬、罗可文等参与了内容整理和修订工作,在此对本书所有参与者一并表示衷心感谢。

目录

第 一 章

地下水与生命

地球是一个富水的星球。地球的演化,生物的起源,无不与水相关。水是生命之源,是自然界最重要的资源,是承载着人类文明的摇篮。在自然界,水的变化和多样性贯穿人类发展史。几千年来,文明古国沿着大河流域诞生,人水关系从记载中代代相传,发展出壮丽而多样的人类文化。基于水的独特性质,前人受到启示,提出了"上善若水""厚德载物""天人合一"的水哲学;基于水滴石穿等水的自然行为,转化为"坚持不懈"的民间智慧;基于水的实用价值,酒文化、茶文化等传统发展至今,因此才有了"举杯邀明月,对影成三人"的诗句。

拓展知识:人类对水的认识

随着现代科技的发展,人类对水的认识不断取得新的突破。关于水分子的结构,通常是这样描述的:在一个立方体内,氧原子居中,而两个氢原子分别位于一个平面的两个对角。另有两个电子云端点对称地分布在另一平面的两个对角点上。基于分子结构表征技术发展,量子力学、概率论等理论发展,水分子

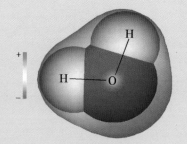

水分子结构模型:
氢、氧原子和电子云

的结构被描述成原子氢(H)-氧(O)-氢(H)之间在库仑力作用下,电子绕3个原子核随机旋转形成的稳定动态平衡的分子结构模式。这一由氢氧组成的结构承载了自然界的物质能量变化。上天形成天气变幻的大气水,入地从地表至地幔软流层,从两极冰盖、永冻土到跨全球各纬度的海洋湖

洄,水无处不在,支撑着近地表圈层地球关键带上生态系统的运作和人类生产生活。岩石、土壤、生物、大气与水相互作用,在地球上形成了不可分割、有机联系、不断变化的动态系统。

一、地下水圈与地球系统

地下水主要赋存于地下岩土体的空隙中,如土壤的孔隙、岩石的裂隙以及碳酸盐岩的岩溶管道中赋存着重力水、毛细水和结合水。在矿物中,地下水则主要为结晶水(以 H_2O 形式存在)和结构水(以 OH^-、H^+ 和 O^{2-} 形式存在),如高岭土($Al_2O_3 \cdot 2SiO_2 \cdot 2H_2O$)、蛇纹石($Mg_6[Si_4O_{10}](OH)_8$)等。除了最常见的液态(存在于地下空隙中)、固态(存在于永冻土和地下冰中)和气态(存在于地下空隙中)外,在地球深部的高温高压等极端条件下,地下水还能以超临界流体、超固体、超流体、费米子凝聚态、等离子态等形式存在。在一定条件下,地下水的各种形态可以相互转化。地壳中及地幔中各种形态的水共同构成了地下水圈。

关于地球中水的起源,存在多种假说,目前人们普遍接受的说法是:地球形成时便有大量的水存在,地球浅表的水(包括海洋、河湖水)主要来自地球内部。在地球深部,水的存在形式与地球浅表不同,水量也远超过浅表。其中,含结构水的矿物在连接地球浅表和深部水循环中起到关键的作用。俯冲板块是地球表面与地球深部之间物质与能量交换的重要场所,其中的含水矿物随着深度增加而脱水,最终通过岩浆对流、板块运动将液态水传递至地球浅表,这也被认为是海洋液态水的来源(王多君等,2009;

Nakagawa,2017；王丽冰等,2022)。地表水圈(河流、冰川、大气水及海洋)的总含水量约 14.1×10^{20} kg，其中海洋水量约 13.7×10^{20} kg。对应地，在地下水圈中，地壳含水量为 $(4.0 \sim 5.0) \times 10^{20}$ kg，地幔含水量为 $(15.4 \sim 103.0) \times 10^{20}$ kg。可以看出，地幔含水量约为海洋水量的 $1.1 \sim 7.4$ 倍(Peslier et al.,2017)。地球表层系统里的水需约 16 亿年才能全部循环进入地幔，而地幔中的水则需约 16 亿~120 亿年才能全部循环进入地球表层 (Hacker,2008；Peslier et al.,2017)。从这个角度讲，地表水(包括海洋)是地下水圈的"露头"。

地球系统是由大气圈、水圈、岩石圈和生物圈(包括人类)组成的有机整体。水圈通过近地表的水文循环实现了水的固态、液态、气态间相态的转化以及地表、地下物质和能量的交换,通过地球深部的地质循环实现了水的分解与合成以及地球浅部与深部物质和能量的交换。地下水圈是水圈和岩石圈的交叉圈层,不同形态、相态的水与各类沉积物、岩石中的矿物进行着不同时空尺度的物理、化学和生物学作用,从而形成了地球系统规模宏大、复杂而精巧的水循环(水文循环和地质循环)以及水–岩相互作用,并提供了生命所需的物质和能量。

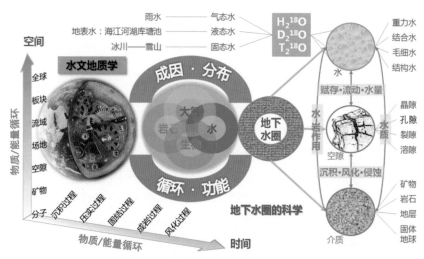

地球系统中不同时空尺度的水–岩相互作用

二、地下水与生命起源

地球生命起源的假说有很多,有的学者认为生命可能起源于深海热泉环境。

在东太平洋洋脊附近加拉帕戈斯群岛的深海热泉里生活着众多的生物,包括管栖蠕虫、蛤类和细菌等兴旺发达的生物群落,而热泉口附近的温度达到300℃以上,且是一个高压、缺氧、偏酸和无光的环境。这些化能自养型细菌通过利用热泉中硫化物等所得到的能量,还原二氧化碳制造有机物来维持生存。现今所发现的大多数古细菌都生活在高温、缺氧、含硫和偏酸的环境中,这种环境与热泉口附近的环境极其相似;热泉口附近不仅温度非常高,而且又有大量的硫化物、甲烷、氢气和二氧化碳等,这与地球形成早期的环境极其相似。

有的学者认为,热泉口附近的环境不仅可以为生命的出现以及生命延续提供所需的能量和物质,而且还可以避免地外物体撞击地球时所造成的有害影响。因此,热泉生态系统是孕育生命的理想场所(Martin et al.,2008;Colín-García et al.,2016)。

三、地下水与生态健康

地下水支撑着地球生态系统的运行,维持着地球的宜居性。水是万物

之源,生态系统的正常运行离不开水。从地球上水的起源讲,地球生态系统中的水始于岩石矿物中的结构水;从水的组成讲,水的各种组分是不同条件下水与岩石间的物理、化学和生物学相互作用而成的,也就是地球生态系统中的各种营养盐分是由地下水占主导的水–岩相互作用供给的。此外,地下水还是热能的良好载体,可源源不断地将地球深部的热量带到浅表。因此,地下水从水源、物源和热源方面强有力地支撑着地球上生态系统的运转。

被称为"地球之肾""天然水库"和"天然物种库"的湿地生态系统(如滨海湿地、河滨湿地、湖泊湿地、沼泽湿地等),具有涵养水源、净化水质、调蓄洪水、控制土壤侵蚀、调节气候等重要的生态功能,它也是生物多样性的重要发源地之一。湿地对地下水系统有很强的依赖性,地下水不仅为其提供着水分和营养组分,还决定着湿地的类型。不同级次的地下水流动系统维持着不同类型湿地生态系统的运转,如接受泉水补给的湿地生态系统,在干旱区以绿洲的形式出现。湿地生境的温度也是依靠地表水和地下水的混合作用来实现恒温(House et al.,2015)。此外,不同的物种对地下水的依赖程度不同,从而促进形成了生态系统的分带差异性。如在河岸带生态系统中,由于沉积物的粒径与分选性以及物种对地下水的依赖性差异,依次形成从河道至远离河岸的水生、草本、乔木、灌木的植被景观(Bertrand et al.,2012)。

地下水是海洋中水分和营养物质及盐分的重要补给来源。现代研究表明,近岸海底地下水排泄是海水中主要的陆源物质输入途径。70%以上的近岸海底地下水排泄进入印度洋–太平洋,在整个温带到热带陆地向海洋输送的水量中,地下水输送量为河流输送量的3~4倍(Kwon et al.,2014)。估算全球近岸地下水向海洋的硅输送通量为 $(0.6 \pm 0.6) \sim (5.1 \pm 0.1)$ Tmol/a(朱东栋等,2022)。在中国海岸带上,近岸地下水向海洋输送溶解性无机态氮、磷和硅的量分别为 $(1.39 \sim 4.62) \times 10^9$ mol/d、$(1.1 \sim 3.13) \times 10^7$ mol/d 和 $(1.46 \sim 4.27) \times 10^9$ mol/d,占近海岸海水中营养盐总来源的50%以上，比河流输送的营养盐高一个数量级(Zhang et al.,2020)。此外，地球深部还通过海底火山、海底热泉等源源不断地向海洋提供着水分、营养成分和能量。

因此，地下水为地球生态系统提供了水分、营养盐分和生境条件，对生态系统的健康状态起着举足轻重的作用。

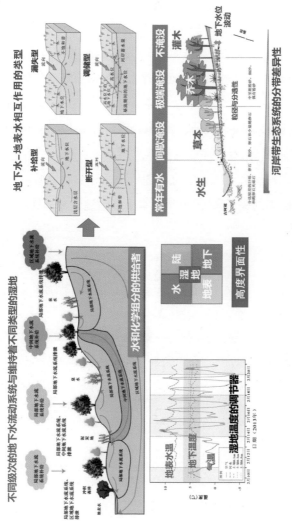

四、地下水与人体健康

工业革命以来,人类活动作为强大的地质营力,不但排放大量的污染物质,而且通过扰动地球表层系统地质过程,影响地球物质与能量循环,导致生态系统功能失调与全球变化加剧,频发的地质灾害和传染性疾病威胁人居环境,严重危及人体健康和生态安全。为应对自然变化,满足人类对宜居地球的需求,亟待开展地质环境与健康领域的前沿研究,以揭示地球动力过程和人类活动双重影响下地质环境变化与健康之间的成因联系。而地下水作为关键纽带,将地质环境与地球生态系统有机地结合起来,源源不断地驱动着地质环境和生态系统之间的物质循环和能量循环。因此,开展地下水与人体健康的关系研究,可从根本上推动健康地学的发展。

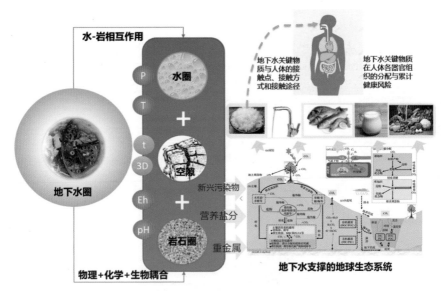

地下水与人体健康:推动健康地学新引擎

第二章

关键组分在地下水中富集

地下水不是纯水，而是一种不可复制的天然复杂溶液。它的形成、运动、演化与大气降水、地表水有着密切联系，它的组成成分是其与周围介质（生物圈、岩石圈）长期相互作用的产物。地壳中稳定的化学元素大多已在地下水中被发现。地下水中除了水，还包括无机组分、有机物、气体、微生物等。由于水体所处环境不同，其化学成分各异（Mayer et al., 1997）。

一、地下水的组分

◆ 地下水中的无机组分

地下水中存在多种无机组分，根据无机组分浓度变化范围，可以分为宏量组分、中量组分以及微量组分。

一般说来，地下水中浓度大于 10 mg/L 的无机组分是地下水的宏量组分，它们决定地下水化学的基本特征，主要包括阳离子 Na^+、K^+、Ca^{2+}、Mg^{2+} 和阴离子 HCO_3^-、Cl^-、SO_4^{2-} 等。

浓度小于 10 mg/L 的无机组分称为地下水的中量或微量组分，它们尽管不影响地下水的水化学类型，但会赋予地下水特殊的性质和功能，常见的有 B、F、Li、SiO_2、Sr、Al、Sb、As、Ba 等。

此外，地下水中还包括营养元素，如 N、P 元素等，这些元素的含量介于宏量组分与微量组分之间。无机态氮的形成与蛋白质类的有机物被生物分解有关。地下水中的无机磷主要来源于含磷矿物的风化。虽然地壳中含磷矿物的溶解度都较低,但在土壤中动物、真菌、微生物的作用下,含磷矿物将被溶解进入地下水体。受不同氧化还原条件和 pH 值的控制,地下水中各无机氮形态与各无机磷形态可以互相转换,如在强还原条件下,地下水中的无机态氮主要以 NH_4^+ 形式存在;在中性水中无机态磷主要以 $H_2PO_4^-$、HPO_4^{2-} 的形式存在,在强碱性水中才会出现 PO_4^{3-}。因此,不同地质条件的地下水中常富含独特的营养组分。

◆ **地下水中的有机物**

地下水中的有机物主要由 C、H、O 元素组成,同时含有少量的 N、P、S、K、Ca 等其他元素。地下水中的有机物种类丰富,主要来源有:从土壤、泥炭和其他包含动植物遗体等淋滤出来的物质(腐殖质);随污水(生活污水、工业废水、农业污水)下渗到地下水中的有机物。

◆ **地下水中的气体**

地下水中的气体以氧气、氮气、二氧化碳及惰性气体为主,随着岩层的变质作用以及微生物的化学作用,会产生硫化氢、甲烷、二氧化硫等气体。现代火山活动常伴随剧烈的变质作用,导致热泉中多含有甲烷、硫化氢、二氧化硫等气体。

◆ **地下水中的微生物**

地下水中的微生物主要包括细菌、真菌等。微生物能够生存在地下深达数千米的环境中,不同种类的微生物能适应不同的温压条件。微生物对地下水中的 C、N、S 元素的转化,有机污染物的降解,重金属的形态转化等过程都有重要贡献。

根据地下水中组分颗粒大小(直径 D)可以将地下水组分分为三大类：真溶液(分子–离子态)，$D<10^{-9}$ m；胶体，$D=10^{-9}\sim10^{-7}$ m，如一些疏水有机物或无机胶体；悬浊液，$D>10^{-7}$ m。地下水中多种组分综合作用，使地下水呈现出阴阳离子平衡、电中性的特点。地下水的组分差异会引起其在环境中的综合指标差异。通常通过测量地下水的综合指标，如 pH 值、氧化还原电位(Eh 值)、溶解性总固体(Total Dissolved Solids，TDS)、硬度(Hardness，HD)、碱度(Alkalinity，ALK)、溶解氧(Dissolved Oxygen，DO)、溶解性有机碳(Dissolved Organic Carbon，DOC)等来了解地下水的性质。

由于形成原因及埋藏条件不同，地下水化学组成复杂，组成形式各异。但地下水拥有共同的特质，它们都是在水力特征、温度、压力、化学组分、微生物耦合作用下经历漫长的水 – 岩相互作用而形成的。地质环境中物理化学条件和生物条件的不可复制性，决定了地下水的组成是独特的。

二、水与岩石的相互作用

地下水的各项化学组分是水和岩石在不同温度、压力、酸碱度和氧化还原条件下，经过了复杂的生物地球化学作用而形成的。此外，地下水的组分还广泛受到人类活动的影响。

　　水和岩石的相互作用,发生于水循环过程中。水循环包括水文循环及地质循环。水文循环发生于地球浅表,是大气水、地表水和地下水之间的转换:发生在海洋和陆地之间的水循环称为大循环,而单独发生在海洋或陆地上的水循环称为小循环。

　　地质循环发生于大气圈到地幔之间。火山喷发及洋脊热液将水从地幔带到大气和海洋,地壳浅表的水通过板块俯冲进入地幔。另一种循环发生在成岩、变质和风化作用过程中,进行着矿物结晶水、结构水与自由水的转化以及水的分解与合成。

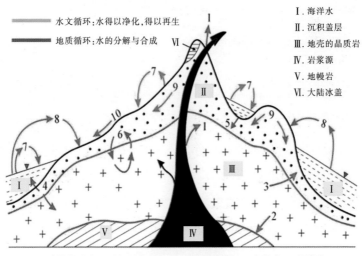

水文循环:水得以净化,得以再生
地质循环:水的分解与合成

Ⅰ. 海洋水
Ⅱ. 沉积盖层
Ⅲ. 地壳的晶质岩
Ⅳ. 岩浆源
Ⅴ. 地幔岩
Ⅵ. 大陆冰盖

1. 幔源初生水;2. 返回地幔的水;3. 重结晶脱出水;4. 沉积水;5. 埋藏水;
6. 地内水循环;7. 小循环;8. 大循环;9. 地下径流;10. 地表径流

地球上的水循环示意图(参考沈照理等,1985)

　　地下水－岩(土)－微生物－气体的相互作用,即水－岩相互作用,遍及地球表层和深部,无处不在、无时不在。水－岩相互作用参与各种地质作用和生态－环境过程。纵观整个地球的历史,它就是一部水－岩相互作用的历史,没有一种自然物质,在影响基本的地质作用进程方面,能够与水相

提并论。水循环过程中的水－岩相互作用促进了地球内部和外部的物质和能量循环,如碳循环、氮循环等。

通常来说,地下水化学组分的作用过程主要有以下6种:溶滤作用、蒸发浓缩作用、脱碳酸作用、脱硫酸作用、阳离子交替吸附作用、混合作用。

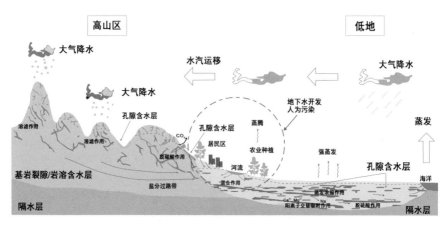

水文循环与水–岩相互作用示意图(参考王周锋等,2015;Gomez et al.,2022)

（1）溶滤作用:水与岩土相互作用下,岩土中的一部分可溶物质转入地下水中,便是溶滤作用（Leaching）。溶滤作用的结果是岩土失去一部分可溶物质,而地下水则补充了新的组分。实际上,当岩土矿物与地下水接触时,同时发生两种相反的作用:溶解作用与结晶作用。前者使离子由岩土中转入水中,而后者使离子由溶液中析出并固着到岩土上。

拓展阅读:盐类的溶解度

随着水溶液中盐类离子浓度增加,结晶作用加强,溶解作用减弱。当同一时间内溶解与析出的盐量相等时,溶液达到饱和。此时,溶液中某种盐类的含量即为其溶解度。地下水中不同的盐类具有不同的溶解度。地下水中盐类的溶解度会受到温度、酸碱条件及其他组分的影响。

（2）蒸发浓缩作用：在干旱－半干旱地区的平原与盆地的低洼处，地下水埋藏不深，会借助上覆岩土的毛细作用，通过蒸发进入大气，使得蒸发成为地下水主要的排泄途径。由于蒸发作用只排走水分，盐分仍保留在余下的地下水中，随着时间延续，地下水溶液逐渐浓缩，溶解性总固体值不断增大。在我国许多干旱－半干旱地区，地下水盐度较高，呈咸味或苦涩味。蒸发浓缩作用正是造成这种现象的主要原因之一。

（3）脱碳酸作用：地下水中 CO_2 的溶解度受环境的温度和压力控制。CO_2 的溶解度随温度升高或压力降低而减小，一部分 CO_2 成为游离 CO_2 而从水中逸出。具体原理如下：

$$Ca^{2+} + 2HCO_3^- \longrightarrow CO_2\uparrow + H_2O + CaCO_3\downarrow$$

$$Mg^{2+} + 2HCO_3^- \longrightarrow CO_2\uparrow + H_2O + MgCO_3\downarrow$$

深部地下水上升到地面形成泉，泉口往往形成钙华（碳酸盐矿物，主要为方解石和文石），这便是脱碳酸作用的结果。如我国的九寨沟、黄龙沟等景区就是以钙华景观闻名。

九寨沟钙华景观

（4）脱硫酸作用：在还原环境中，当有有机质存在时，脱硫酸细菌能将 SO_4^{2-} 还原为 H_2S，使地下水中 SO_4^{2-} 减少以至消失，HCO_3^- 浓度增加，pH 值升高，这便是脱硫酸作用。

$$SO_4^{2-} + 2C + 2H_2O \longrightarrow H_2S\uparrow + 2HCO_3^-$$

在我们的日常生活中，抽取深层井水作为生活生产用水时，可能会闻到臭鸡蛋气味，这也是地下水发生了脱硫酸作用，生成了 H_2S 气体的缘故。

（5）阳离子交替吸附作用：岩土颗粒表面常带负电荷，能够吸附阳离子。一定条件下，岩土颗粒将吸附地下水中某些阳离子，而将其原来吸附的部分阳离子释放进入地下水，转为地下水中的组分，这便是阳离子交替吸附作用。

（6）混合作用：成分不同的两种地下水汇合在一起，形成化学组成与原来两者都不相同的地下水，这便是混合作用。

地下水是一个多级嵌套的流动系统，地下水滞留时间需要几天、几年、几十年，甚至上万年不等。水和岩石相互作用时间的差异，使不同年龄、不同级次的地下水组成出现差异。地下水流动过程中穿越多个岩层，穿越岩层途径的顺序不同，形成的化学组成也会存在一定的差异。比如当地下水流经岩石的顺序为灰岩→石膏→砂岩→页岩时，流经灰岩时其中的方解石溶解（主要成分为 $CaCO_3$），形成了低 TDS 的 HCO_3-Ca 型水；接着流经石膏层（主要成分为 $CaSO_4$），方解石过饱和生成 $CaCO_3$ 沉淀，形成高 TDS 的 SO_4-HCO_3-Ca 型水；然后流经砂岩时石英（主要成分为 SiO_2）、长石少量溶解，成分变化不明显；最后流经页岩，发生阳离子交替吸附作用,蒙脱石中的 Na^+ 被 Ca^{2+} 交换,水中 Na^+ 增加最终形成 SO_4-Na 型水。

人类活动对地下水化学组成和赋存条件的影响不容忽视。一方面,人类生活与生产活动产生的废弃物可能会直接污染地下水;另一方面,人为作用改变了地下水组分的形成及赋存条件。例如,滨海地区过量开采地下水引起海水入侵,使高盐度的海水与地下淡水发生混合,导致地下水盐化。在干旱-半干旱地区,不合理地灌溉使浅层地下水水位上升,毛细作用会促进地下水发生蒸发浓缩作用,进而引起大面积土地盐渍化,并使浅层地下水变咸。地下水位的抬升使得包气带中易溶盐分更容易进入地下水中。

人类干预自然的能力正在迅速增强,地下水的理化性质变化也深刻影响着人体的健康。因此,防止人类活动对地下水水质造成不利影响,采用人为措施使地下水水质向有利方向演变,变得愈来愈重要。

三、关键组分在地下水中的富集机制

自然条件下,地下水组分一般以 SO_4^{2-}、Cl^-、HCO_3^-、K^+、Na^+、Ca^{2+}、Mg^{2+} 离子为主,中量组分和微量组分(如 Sr、Se、Fe、Mn、Zn 等)含量相对较低。但在特殊地质条件下,地下水中中量组分和微量组分会富集。

我们将地下水中对人体健康有重要影响的化学组分称为关键组分,如 As、I、F、Se、Sr 以及 Zn 等。关键组分在地下水中的富集机制可以概括为 4 种:淋滤 – 汇聚型、埋藏 – 溶解型、压密 – 释放型、蒸发 – 浓缩型。

◆ **淋滤–汇聚型**

大气降水从地表渗入补给地下水的过程中,通过淋滤导致岩土中的关键组分释放进入地下水体中,并随地下水迁移,最后在特定地质、水文地质条件下发生滞留,形成关键组分富集的地下水。该组分主要为迁移性较强的元素,物源区多位于地下水系统的补给区。相应组分在淋滤作用下从岩石矿物中淋溶浸出,并在地下水系统的排泄区汇聚富集。这是最为常见的富集机制。如小滦河上游流域偏硅酸、锶、硒地下水,华北平原局部和大同盆地的高碘地下水,以及一些基岩山区的高氟地下水就是通过这种方式形成的。

◆ **埋藏–溶解型**

埋藏 – 溶解型的关键组分的物质来源就是含水介质。富含关键组分的沉积物在侵蚀搬运过程中堆积形成含水介质,在有利的环境条件和水文地球化学过程(如还原性溶解作用)影响下,其中的元素组分从含水介质尤其是细粒沉积物中溶解释放,并在地下水中富集。如河套平原和大同盆地的高砷地下水就是通过埋藏 – 溶解作用形成的。

◆ **压密–释放型**

压密 – 释放型的关键组分的物源区为区域性地表水体的静水沉积物,常为湖沼相淤泥。化学组分通过地表径流和片流将汇水区内的相关组分汇聚于沉积物内;在沉积物埋藏、压实固结排水过程中,化学组分被释放,进入相邻含水层,并在有利地段富集。如江汉平原的高砷、高铁和高锰地下水。

◆ **蒸发–浓缩型**

蒸发–浓缩型的关键组分的物源区为浅层地下水系统。由于气候干旱,地下水埋深浅,蒸发强烈,水去盐留,因此关键组分在地下水中相对富集。如大同盆地的高氟地下水和西北、华北地区的高矿化度地下水。

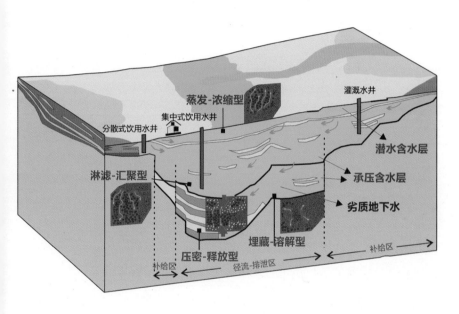

地下水关键组分 4 种成因模式图(参考 Wang et al.,2021)

第三章

地下水质与
人体健康

　　水对人类生存的意义不言而喻。地下水分布非常广泛,储量丰富,是全球最大的可用淡水资源,占全球可用淡水资源的96%,其储存量远远大于湖泊及河流中的淡水总量,体积约为全球淡水湖泊和河流的100倍。地下水的开采量约1000 km³/a,其中约有67%用于农业灌溉,22%作为生活用水(马宝强等,2022)。此外,地下水在岩石圈内经过漫长的水-岩相互作用使其赋存多种组分,这也是地表水难以比拟的。地下水中的这些化学组分可通过自然或人为驱动的水分循环进入生物圈,直接或间接地对人体健康产生深远影响。

　　作为生态系统中的高级消费者,人体健康取决于生态系统提供的物质与能量安全。地下水中的组分可通过摄取(包括进食与饮水)、吸入和皮肤接触进入人体,对人体健康造成显著影响。当地下水作为饮用水时,其中的组分可通过饮水直接进入人体;当地下水作为灌溉用水或养殖用水时,其中的组分可进入农作物和鱼虾等农产品中,再通过进食进入人体;当地下水作为生活用水时,其中的组分可通过皮肤接触进入人体,也可先进入空气后通过呼吸进入人体。这些组分既包括人体必需的营养元素,也包括非必需元素,甚至包括人为来源的新型物质。它们在适当剂量条件下支撑着人体机能的正常运转,但当摄入剂量超过人体代谢能力时,就会对人体健康造成威胁。此外,地下水还可以通过影响人类赖以生存的环境,影响人体健康。

一、天然矿泉水与人体健康

　　天然矿泉水资源是指在天然条件下赋存于地层中,在地质作用下自然形成的，以地下水中含有一定量的矿物质为特征的，且矿物质含量、温度和水位等物理化学特征在天然周期波动范围内相对稳定的矿产资源。

地下水长期在地层深处的岩石空隙中渗流、循环，经历多种水－岩相互作用，使围岩中许多物质不断地进入水中，导致地下水矿化形成矿泉水。由于围岩成分、地下温度压力等地球物理化学环境的不同，矿泉水中的矿物质成分和含量千差万别。需要注意，当天然矿泉水中含有工业元素并达到工业品位时，则可作为工业矿水开发，如四川盆地的地下卤水。工业矿水在本书中不作详细介绍。

拓展阅读：天然矿泉水历史记载

中华民族历史悠久，源远流长。在大量史书、医籍、志典、诗词歌赋和游记中，对天然矿泉水的环境和治病、洗浴、益寿、农业等方面的功用都有许多记载，其中以温泉的记载最为繁多。

司马迁的历史巨著《史记》中，就记载着公元前4000多年神农氏"尝百草之滋味，水泉之甘苦，令民知所避就"的历史。约2560年前，孔子的弟子所著《论语》中，描述一群青少年在水中沐浴、欢乐咏唱的情景："莫春者，春服既成，冠者五六人，童子六七人，浴乎沂，风乎舞雩，咏而归"；东汉张衡在他的《温泉赋》中描述了温泉治病的功效："六气淫错，有疾疠兮。温泉汨焉，以流秽兮。蠲除苛慝，服中正兮。"南北朝时，北魏郦道元著《水经注》，记载了"大融山石出温汤，疗治百病"的事例。伟大诗人白居易的《长恨歌》写下了唐王朝后妃们洗浴温泉的名句："春寒赐浴华清池，温泉水滑洗凝脂。"民间流传已久的歌谣道："日落荷锄务农归，温泉清水洗汗灰。如浴神仙甘露水，

地 下 水 与 人 体 健 康

有病不染百命岁。"明代《黄山领要录》记述黄山朱砂泉:"泉赤三日,人无知者,唯一僧浴之,寿逾百岁。"元代的《岛夷志略》和清代的《采硫日记》还记载了台湾开发温泉、提取硫磺的历史事实。

唐代医家陈藏器把温汤(即温泉)收入《本草拾遗》中,从此矿泉水就列入了中药之中。他还指出了矿泉水治病的道理,曰:"下有硫黄,即令水热,犹有硫黄臭。硫黄主诸疮,故水亦宜然。"明代著名医学家李时珍在《本草纲目》中记述:"庐山有温泉,方士往往教患疥癣、风癞、杨梅疮者,饱食入池,久浴得汗出乃止,旬日自愈也。"同时指出:"主治诸风筋骨挛缩,及肌皮顽痹,手足不遂,无眉发,疥癣诸疾,在皮肤、骨节者,入浴。"

在公元 3 世纪的古罗马时代,仅罗马城就有温泉浴场 860 个,其中有两个大浴场可以同时容纳 3000 人。日本也是一个温泉之国,有温泉上万个。在《伊予国风土记》《日本书纪》《丰后国风土记》等古籍中均有对日本温泉的描述。18 世纪以后,欧洲各国学者不断补充和完善,把矿泉水的分析方法和组成研究提高到新的水平,并与矿泉浴疗、饮疗的临床观察相结合,对矿泉水按水温、水化学组成等进行分类,对不同类型的矿泉水的适应症和禁忌症进行试验、观察和总结,论文、论著不断涌现,使矿泉水的水文地质、水化学、临床医学等逐渐充实和丰富起来。21 世纪以来,矿泉水的研究积累的资料越来越多,法国、意大利、日本、德国、美国、冰岛、新西兰等国,成立了专门的研究机构或学术团体,有的还创办了专门的学术刊物。

1. 天然矿泉水的分类
※ 天然矿泉水按化学组成分类
按天然矿泉水的关键化学组成,可将其分为含碳酸、含偏硅酸、含锶、含锌、含锂、含溴、含碘、含硒矿泉水。在我国,含偏硅酸和含锶矿泉水最丰富,其次是含碳酸矿泉水,含锌、含锂、含碘、含溴矿泉水极少。就天然矿泉水的价值而论,含锌和含硒矿泉水最好,含碳酸矿泉水次之。

◆ **含碳酸矿泉水**

水中 CO_2 的来源有二:一是生物来源,二是深部的火山和变质来源。生物来源的 CO_2 来自于有机物的分解或微生物的呼吸,其在地下的浅部和深部均有发生。

在地壳深部 400℃ 的高温下,CO_2 可从岩石中分离出来;火山活动过程中带来许多气体,其中有大量的 CO_2,CO_2 的溢出预示着火山活动进入晚期或远离高温热源。这种作用所产生的 CO_2 可沿着断裂通道进入深部循环的地下水中。在岩浆入侵的接触带上,特别是灰岩变质为大理岩的过程中,会释放大量的 CO_2。

一般来说,生物起源的 CO_2 很难达到矿泉水 CO_2 含量标准,因此,含碳酸矿泉水中的 CO_2 几乎都源于地壳深处,特别是 CO_2 浓度达到 1000 mg/L 以上时,几乎都与岩浆分异及热变质有关,它们多分布于新生代火山活动区或构造断裂带上。例如,黑龙江五大连池矿泉水(CO_2=1700～2600 mg/L)产于新生代玄武岩中,云南腾冲矿泉水(CO_2=2500 mg/L)从火山断裂带中涌出,广东罗浮山矿泉水(CO_2=1905 mg/L)出现于花岗岩构造断裂带中。

◆ **含偏硅酸矿泉水**

硅在地壳中的丰度仅次于氧。硅酸盐矿物是岩浆岩的主要造岩矿物,所以岩浆岩中含硅最多,其次是砂岩、变质岩,灰岩硅含量最少。总之,硅在各类岩石中广泛分布,所以含偏硅酸的矿泉水分布也很广泛。

含偏硅酸的矿泉水中的硅以 H_2SiO_3 计（部分国家以 SiO_2 计），其含量多为几十毫克每升，大于 100 mg/L 的比较少。H_2SiO_3 大于 100 mg/L 的矿泉水多出现于火山活动区或侵入岩的断裂带中，水循环深处的地温较高。例如，出现于火山断裂带的腾冲矿泉水，其 H_2SiO_3 为 117 mg/L，出现于燕山期花岗岩断裂带中的云南个旧市的克勒矿泉水，其 H_2SiO_3 为 113.7 mg/L。

◆ 含锶矿泉水

锶在各种岩石中含量各异，超基性岩浆岩和砂岩中锶含量最低，分别为 1 mg/kg 和 20 mg/kg；灰岩中最高，为 500 mg/kg；玄武岩、花岗岩、花岗闪长岩及页岩中，锶的含量也比较高，为 300～465 mg/kg。这些岩石中含锶矿物的溶解，都可能使地下水中含微量的锶。菱锶矿（$SrCO_3$）及天青石（$SrSO_4$）是主要的两种含锶矿物。含锶矿泉水的分布主要取决于岩石中锶的含量及水循环条件。一般来说，含锶矿泉水多出现于灰岩地层中，花岗岩和变质岩中也有分布。

◆ 含锌矿泉水

锌在地壳中平均含量为 70 mg/kg，只有在玄武岩及页岩中为 100 mg/kg，大于地壳平均含量。其他火成岩中的锌稍低于地壳平均含量，砂岩和灰岩中锌平均含量低，分别为 16 mg/kg 和 25 mg/kg。除锌矿床外，锌在其他岩石中很分散。锌在水中主要以二价的阳离子出现，很易被吸附。因此，含锌的矿泉水很稀少。在我国，目前仅发现几处，如四川华蓥山矿泉水，Zn^{2+} 含量为 0.26～0.63 mg/L，产于三叠纪的砂页岩；广东罗浮山矿泉水，Zn^{2+} 含量为 0.24～0.31 mg/L，产于燕山期黑云母花岗岩;山西闻喜焦山矿泉水,Zn^{2+} 含量为 0.48～1.2 mg/L。

◆ **含锂矿泉水**

锂的地壳丰度很低,仅 20 mg/kg。岩石中,页岩锂的丰度最高,为 60 mg/kg,其次为花岗岩,为 30 mg/kg,其他岩石锂的丰度均低于地壳丰度。含锂的硅酸盐矿物有锂云母、黑云母、锂辉石、锂绿泥石等,这些矿物的溶解度很低。锂为碱金属,它的化学性质活泼,在水中主要以 Li^+ 形式存在,易被吸附,易被植物吸收。鉴于上述原因,含锂矿泉水很少见。目前我国发现的含锂矿泉水有:福建漳州仙景矿泉水,Li^+ 含量为 3.1 mg/L,产于花岗岩体断裂带中;云南腾冲矿泉水,Li^+ 含量为 0.31 mg/L,产于火山断裂带。

◆ **含溴矿泉水**

溴为卤族元素,其地壳丰度为 2.5 mg/kg,主要富集于海相沉积的页岩(4 mg/kg)及灰岩(6.2 mg/kg)中。溴单质有很强的挥发性,溴盐极易溶于水,自然界中很少见到其独立矿物。溴在水中以 Br^- 存在,在河水及地下淡水中,Br^- 含量很低,但地下热水中 Br^- 可达几毫克每升,甚至大于 20 mg/L;在海水及卤水中,由于蒸发使水中 Br^- 浓度增加,海水中 Br^- 浓度为 66 mg/L,卤水中 Br^- 浓度甚至可高达 3720 mg/L。含溴的矿泉水很少,我国已发现的含溴矿泉水有:上海天厨矿泉水,Br^- 浓度为 4.79 mg/L,产于 500 多米深的寒武系灰岩中;陕西荔县同州矿泉水,Br^- 浓度为 0.6～1.2 mg/L,产于砂卵石层及奥陶系灰岩裂隙岩溶水中。

◆ **含碘矿泉水**

碘也是卤族元素,其地壳丰度很低,仅为 0.5 mg/kg。火成

岩中碘的丰度一般都不超过地壳丰度,而砂岩、页岩和灰岩中碘的丰度较高,分别为 1.7 mg/kg、2.2 mg/kg 和 1.2 mg/kg。碘的循环受生物作用的影响强烈,海水中碘含量仅 0.06 mg/L,但它能富集在海生植物中。在一些第四系松散地层中,地下水中的碘浓度最高可达 1.92 mg/L,超过矿泉水标准,但目前未作为矿泉水开发。这类地下水多分布于滨海或近滨海地区,与海相沉积及海侵有关。像这样含碘量达矿泉水标准的地下水,若作为饮用矿泉水开发,在当地销售应持慎重态度。因为当地人群除水碘摄入外,还有食物碘的摄入,属高碘摄入人群,长期摄入过量碘容易产生高碘性甲状腺肿。

◆ 含硒矿泉水

硒属于过渡非金属元素,是一种稀有非金属元素,它在地壳的丰度很低,仅 0.05 mg/kg。在岩石中,它富集于页岩,特别是煤系页岩中,含量达 0.6 mg/kg;在其他岩石中均不超过地壳硒的丰度。此外,土壤中硒的丰度可达 0.2 mg/kg。硒在地下水中以络阴离子出现:SeO_3^{2-}(亚硒酸根)和 SeO_4^{2-}(硒酸根)。前者为低价硒(Se^{4+}),存在于酸性弱还原环境中,易与铁结合形成难溶的亚硒酸盐($FeSeO_3$);后者为高价硒(Se^{6+}),存在于碱性氧化环境中,易在水中迁移,但 SeO_4^{2-} 可被铁的氢氧化物吸附,也易还原为元素硒。由于自然环境中硒的丰度较低,含硒矿泉水也十分稀少。

※ 天然矿泉水按功能分类

天然矿泉水按功能分为适合人类饮用的饮用天然矿泉水和对人体有疗养作用的天然医疗矿泉水。需要注意的是,部分天然矿泉水既是饮用矿泉水,也是医疗矿泉水。

我国的饮用天然矿泉水标准《食品安全国家标准　饮用

天然矿泉水》(GB 8537—2018)中规定了 7 个界限指标:锂、锶、锌、偏硅酸、硒、游离二氧化碳(CO_2)和溶解性总固体(TDS),同时规定了其他水质指标要求。按习惯,饮用天然矿泉水的分类常以其达标的关键组分命名。诸如,仅 CO_2 达标者,称为碳酸矿泉水;CO_2 和锌同时达标者,称为含锌碳酸矿泉水;H_2SiO_3 和 Se 同时达标者,称为含硒偏硅酸矿泉水等。

饮用天然矿泉水分类

饮用天然矿泉水类别	天然组分
含碳酸矿泉水	游离 $CO_2 \geq 250$ mg/L
含偏硅酸矿泉水	$H_2SiO_3 \geq 25.0$ mg/L(含量为 25.0～30.0 mg/L 时,水温应在 25℃ 以上)
含锶矿泉水	$Sr \geq 0.20$ mg/L(含量为 0.20～0.40 mg/L 时,水温应在 25℃ 以上)
含锌矿泉水	$Zn \geq 0.20$ mg/L
含锂矿泉水	$Li \geq 0.20$ mg/L
含硒矿泉水	$Se \geq 0.01$ mg/L
无分类	溶解性总固体(TDS)≥ 1000 mg/L

关于我国医疗矿泉水的分类,在 1964 年全国理疗学术会议上,提出了初步方案,1981 年在青岛召开的全国疗养学术会议上,又提出了修订方案,摘录如下表所示。医疗矿泉水的命名与饮用天然矿泉水一样,主要是根据其达到的特定浓度的关键组分来命名。此外还考虑温度,因为温度也是疗效的重要物理指标。按温度可将天然医疗矿泉水分为:冷泉(<25℃)、低温温泉(25～40℃)、中温温泉(40～70℃)、高温温泉(>70℃)、沸泉(≥当地沸点)。大多数天然医疗矿泉水都是大于 25℃ 以上的热水。

常见天然医疗矿泉水分类

天然医疗矿泉水类别	天然组分
氡泉	$^{222}Rn \geqslant 74$ Bq/L
硫化氢泉	H_2S 和 $HS^- \geqslant 2$ mg/L
碳酸泉	$CO_2 \geqslant 1000$ mg/L
铁泉	Fe^{2+} 和 $Fe^{3+} \geqslant 10$ mg/L
溴泉	$Br^- \geqslant 25$ mg/L
硅酸泉	$H_2SiO_3 \geqslant 50$ mg/L
碘泉	$I^- \geqslant 5$ mg/L

※ 天然矿泉水按成因分类

按照形成的原因不同,大致可分为与火山岩浆活动无关的深循环矿泉水、与活动断裂有关的矿泉水、与火山活动有关的矿泉水。

◆ 与火山岩浆活动无关的深循环矿泉水

在地壳深部水流缓滞,水循环交替速度缓慢,水与岩石有充分的时间发生相互作用。同时,由于地球内部热力作用,地温逐渐增加,一般在地表 15 m 以下,每深入 100 m,温度增加 $2\sim3℃$。随着地下水运动深度的加深,地温对地下水加热,加速水与岩石相互作用的速度和强度。所以,在深层含水层中的地下水,矿物盐类和微量元素相对丰富。当它们的水质指标达到天然矿泉水水质标准,就可称其为矿泉水了。碳酸盐岩地区的许多矿泉水属于此种类型。

◆ 与断裂活动有关的矿泉水

在近期构造活动强烈、断裂发育的基岩隆起区、断陷盆地、地震带地区,大气降水、地表水和浅层地下水沿深大断裂渗透运动到数千米的深处,地温和深部岩浆体共同加热,深层地下水就会被加热到相当高的温度,形成地下高温热水。此类地热水对周围岩石的溶解溶滤作用更强,因而形成富含矿物质的矿泉水。在静水压力和热动力的驱动下,地热水在不同地质构造单元交接地带或断陷盆地的边缘,沿断裂裂隙向上运动而出露地表,形成温泉。

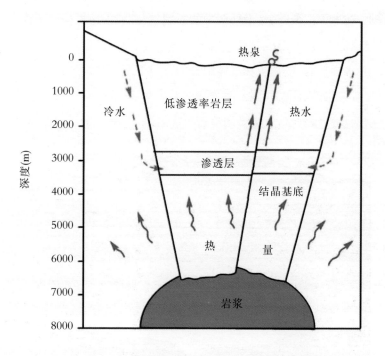

与断裂活动有关的矿泉水成因(参考王贵玲等,2020)

◆ 与近期火山活动有关的矿泉水

这种矿泉水的形成与第四纪火山活动和岩浆活动密切相关。这种矿泉水有两种来源。一是大气降水,二是岩浆释放的水分。大气降水沿深大断裂渗入地下,经深循环,一部分被岩浆体加热气化,与岩浆体释放出的水蒸气、二氧化碳、硫化氢等挥发组分相混合,在携带岩浆中的矿物质的同时溶解溶滤围岩中的矿物质。这类水气具有很大的压力和较高的温度,如果遇有岩石裂隙和构造通道,就会沿通道上升,在上升过程中和部分地下水混合,温度、压力不断下降。到达近地表时,如果温度高于沸点,就呈喷气冲出地表;当温度下降到沸点以下时,就凝结为水,在地下汇聚起来,沿地层中的断裂、裂隙或火山岩体的边缘缝隙涌出地表,形成温泉。由于这种水与岩浆和岩石的充分作用,水温较高,矿物质和气体组分的含量很高,常常可以达到医疗矿泉水的标准,我国云南腾冲的矿泉水属于此类。当这种火山活动产生的水、气上升通道被火山岩浆淤塞时,水、气就封存

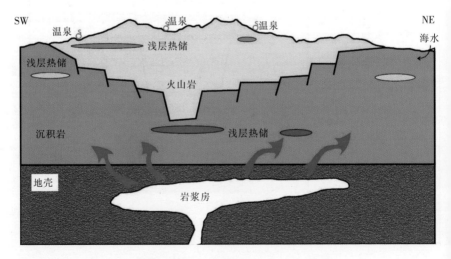

火山活动和热矿泉的形成(参考王贵玲等,2020)

在地下,并随着火山活动的结束,而渐渐冷却下来,形成含有大量二氧化碳并富含多种微量元素的矿泉水而深藏地下。当有构造断裂和此种水系统连通时,或被深切的河谷切穿时,矿泉水就会涌出地表,根据矿泉水上升运动路径、围岩、混合稀释作用等的不同,形成水质上各具特色的碳酸型矿泉水。如法国的维希,我国长白山五大连池,广东佛岗等地的矿泉水,就是属于这种类型。

我国是一个矿泉水资源蕴藏丰富的国家,已发现的天然矿泉有几千处,已正式通过鉴定的也有几百处。矿泉水多分布于地壳活动或新生代火山活动强烈的地区。例如,我国的台湾省,它是地震活动频繁、新生代火山活动最强烈的地区之一。在其仅 $3.6 \times 10^4 \, km^2$ 的面积内,分布有 100 多处温泉,还有许多低温碳酸泉,其矿泉分布密度居全国之首。

世界上现有的三大优质天然矿泉水水源为高加索山脉、阿尔卑斯山和长白山玄武岩地区。其中位于中国的长白山玄武岩地区的矿泉资源主要分布在靖宇、抚松、安图。除此之外,长白山五大连池火山区内也有与法国维希、俄罗斯北高加索齐名的冷矿泉水资源。

2. 矿泉水和人体健康

※ 饮用天然矿泉水

多项医学实验表明,饮用天然矿泉水会对人体健康产生显著影响。如 2006 年意大利的一项实验性研究显示,消化不良患者实行添加了多种矿泉水的膳食方案 30 天后,87.5% 的患者胃酸分泌减少,同时患者多种消化不良症状的发生频率也有不同程度的降低(Gasbarrini et al.,2006)。下面就饮用天然矿泉水中关键组分的医疗保健功效作简要的介绍。

◆ 锂(Li)

锂目前仍未被列为人体必需的微量元素,它在人体的大多数组织中含量甚微,为 $0.002 \sim 0.6 \, \mu g/g$,仅在淋巴腺中含量较高。锂在人体中的低含量

特征决定了其没有显著生理功能。

在现代医学中，锂制剂常用作治疗躁狂抑郁疾患者，具有良好的疗效。锂元素对中枢神经系统有调节功能，能安定情绪，可降低神经错乱症的发病率。锂元素还能改善造血功能，使中性粒细胞增多及吞噬作用增强，提高人体免疫机能。它在人体内的部分功能与钠相似，有防治心血管疾病的作用。流行病学调查表明，饮用水中含锂高的地区，精神病患者会相对较少。此外，欧洲一些国家也利用锂矿泉水治疗肾结石、痛风和风湿症，效果较好。

◆ 锶(Sr)

锶目前仍未被列为人体必需的微量元素，它在人体组织中含量很低，仅在骨骼和牙齿中含量较高。锶主要浓集在骨化旺盛的地方，可强壮骨骼。锶和钙的化学性质相似，它可置换骨骼中的钙，某种程度上能起到钙在人体中的作用。锶和钙都是亲骨型元素，二者分布具有显著相关性，即含钙丰富的器官，一般锶的含量也比较高。

临床结果表明，由于维生素 D 缺乏而引发的佝偻病患者，尿锶排泄量增多，而骨骼中锶含量减少。此外，锶可降低人体对钠的吸收，有利于心血管的正常活动，降低心血管疾病的死亡率。值得注意的是，放射性同位素 ^{90}Sr 在骨骼中聚集会引发癌症。此外，过量摄入锶会造成骨骼生长发育过快，表现为关节粗大、疼痛，严重时会导致骨骼变形、脆弱等，如土库曼斯坦地区土壤锶含量高，植物体内锶含量随之上升，动物长期摄入该植物后，导致骨骼变脆，甚至发生变形。

◆ 锌(Zn)

锌是人体必需的重要微量元素，在人体含量为 1.5～

3.0 g,主要分布于肌肉(50%)、骨骼(≤30%)和皮肤(≤20%)中,指甲、头发、皮肤的相应特征可代表锌的营养状况。

锌具有多方面的生理功能和营养功能,它不仅仅是"智慧"元素,而且是人体各种酶系统的必需元素。锌能提高人体免疫功能,能参与核酸和蛋白质的合成。它具有抗氧化功效,可与生物膜上类脂的磷根和蛋白质上的巯基结合,形成复合物以维持生物膜的稳定性,达到抗衰老的作用;它还可以加速创伤愈合,刺激性机能。微量的锌可强化记忆力,延缓脑衰老,它还可以保护心肌,预防异丙肾素导致的心肌损害;锌与利尿剂同时使用可以加强降压疗效,控制冠心病的发生等。缺锌则会引发多种疾病,如男性发育不良、少儿发育迟缓、侏儒症等。值得注意的是,如果体内锌过多,则会导致免疫力下降、代谢紊乱、记忆力下降,严重的还会抑制铁的吸收和利用,造成缺铁性贫血。

◆ **偏硅酸**(H_2SiO_3)

早在 1972 年,硅元素就被列为鼠和鸡的必需基本元素。目前,虽然还没有把硅正式列为人体必需的微量元素,但许多研究结果显示,硅可能是人体必需的微量元素。人体许多组织中都含有硅,其含量范围 3～60 $\mu g/g$,在皮肤、结缔组织和淋巴结中含量更高。

研究发现,缺硅会影响软骨组织、皮肤和动脉壁的生理功能。硅在黏多糖及胶原质的合成中都是不可少的,且能促进结缔组织正常功能的发挥。此外,硅对人体主动脉具有软化作用,对心脏病、高血压、动脉硬化、神经功能紊乱、胃病及胃溃疡等都有一定的医疗保健作用。它还可以强壮骨骼,促进生长发育,对消化道系统、心血管系统疾病、关节炎和神经

系统紊乱等可起到防治作用,并且有防癌抗衰老的功能。流行病学研究表明,饮用水含硅高的地区,冠心病死亡率相对较低。动物实验证明,饲料缺硅,动物会出现生长缓慢、器官萎缩、骨异常等症状。

◆ **硒(Se)**

自从 1817 年瑞典科学家发现硒以来, 直至 20 世纪 60 年代,硒一直被视为剧毒药品,被归为有毒元素。到 20 世纪 60 年代末,一些学者确定了硒是鸡和鼠类的必需元素,且不能由其他营养素(如维生素 E)来代替。后来,大量的定量科学实验证实, 硒是动物生命活动不可缺少的微量元素之一。硒在人体及地壳中都属微量元素。人体中只有几毫克硒,以硒酸盐和亚硒酸盐的形式分布于肝、肾、肌肉、血、脾、心、肺等组织中。

硒作为人体必需的微量元素, 被称为"生命的奇效元素"。硒是谷肽过氧化酶的必需成分,它能组织或减慢体内脂质氧化过程,使细胞寿命延长,因而有益寿的功效。硒也是心肌健康的必需物质,对高血压、心肌梗塞、肾脏损害等有治疗作用,也能改善线粒体的功能。20 世纪 70 年代初,我国科学工作者发现地方病克山病与人体缺硒有关,硒对克山病的发病具有预防作用,这是国内外学者所公认的地球化学环境与人体健康关系的重要发现。此外,部分心肌疾病、癌症等也和机体缺硒有关。

◆ **游离二氧化碳(CO_2)**

游离二氧化碳是存在于天然矿泉水中的气体。矿泉水中的二氧化碳除了使水具有良好的口感外,还具有强心、利尿、消炎、解暑、助消化、改善新陈代谢等功能,对消化系统疾病、肾病、皮肤病、风湿病,均有较好的医疗保健效果。

※ 天然医疗矿泉水

大多数医疗矿泉水都是 25℃ 以上的热水。热水浴能降低神经的兴奋性,有镇静作用,它使皮肤血管扩张、心跳加速、血压下降。因此它适用于神经过于兴奋患者、动脉硬化患者、高血压患者、脑溢血后遗症患者及半身不遂患者。此外,热水可促进皮肤对各种微量元素及其他成分的吸收和排泄。然而,天然医疗矿泉水的理疗作用与它所包含的气体成分、盐类组分及微量元素有关,各类天然医疗矿泉水有一定的适应症和禁忌症,并不能包治百病。因此,了解各类矿泉水的理疗功效很有必要。

◆ 氡泉

氡是放射性元素。水中氡(Rn)的放射性活度大于 74 Bq/L 的天然矿泉水即可称为氡泉。部分临床治疗证明,水中氡的活度高于 10.18 Bq/L 时即有一定的理疗意义。

氡不和其他元素结合,可溶于水,易溶于油和脂肪中,质量比空气重。水温越高,其溶解度越低,而且容易从水中逸出消散于空气中。传统医学认为氡泉"性味辛热,有微毒,能温经络,行气血,舒筋骨"。而现代医学研究发现,氡泉水与其他泉水相比,具有更为独特的药物、化学及辐射电离作用。氡泉水可以调节心血管功能,加速新陈代谢,提高机体免疫力。现代研究发现,氡泉水可促使血红蛋白增加,提高白细胞吞噬功能,延缓"血沉"速度,提高机体的免疫、防御功能。此外,还可促进细胞再生、病变产物的排出,具有脱敏、消炎功效。

氡泉主要用于浴疗,也可作饮疗。浴疗时,氡可在皮肤上形成一层含氡的放射性薄膜,不断产生放射性,从而起到治

疗作用。饮疗时,氡可被胃肠道吸收发挥作用。氡水对心血管系统和神经系统有调节功能,对心血管病、神经炎、神经痛及关节炎有疗效,但对患晚期高血压、重动脉硬化、各种出血性疾病、传染病等疾病的患者不宜。我国氡泉分布广泛,有汤岗子泉、临潼泉、抚松泉、从化泉等。这类泉多为高热且含多种成分的复合泉,如汤岗子泉为含硫化氢的氡、硅酸复合高热泉。

◆ 硫化氢泉

硫化氢泉又叫硫磺泉,是指含总硫化氢达 2 mg/L 以上的天然矿泉水。硫化氢泉可以在皮肤上形成硫化碱,能软化溶解角质,加强皮肤血管血液循环,改善硫代谢与硫基作用,有降低过敏性、减轻炎性浸润、增强机体免疫功能的作用。硫化氢泉可使植物性神经系统兴奋活跃,可用于神经损伤、神经炎、肌肉瘫痪的患者;它还能促进关节浸润物的吸收,缓解关节韧

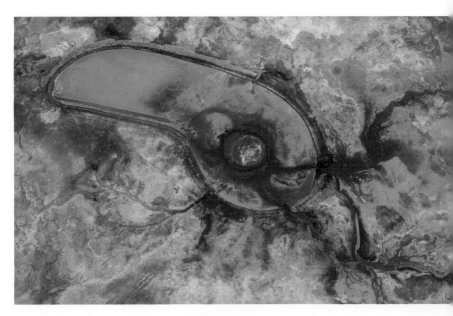

硫化氢温泉

带的紧张,适用于各种慢性关节疾病。因泉水中所含胶状硫磺分子微小,易进入人体内组织,起类似触媒作用,可促进体内的代谢废物由皮肤和肾脏排出体外,所以硫磺泉对代谢性疾病也有一定疗效。它多用于浴疗,但欧洲一些国家也用于饮疗。硫化氢泉对腹泻、急性炎症、严重动脉硬化患者不宜。属这类的矿泉水有:新疆乌鲁木齐水磨沟泉、云南腾冲硫磺塘、黄瓜青泉、安徽半汤泉、江西量子县庐山泉。

◆ **碳酸泉**

CO_2 达 1000 mg/L 以上的矿泉水称为碳酸泉。它既可作饮疗也可作浴疗。作饮疗时,具有改善消化系统、通便利尿的功能。作浴疗时,对降低血压、治疗皮肤病和妇科病、治疗某些心血管病等有一定疗效。但对溃疡病活动期有出血倾向者、心力衰竭病患者、疑似脑出血者、传染病和精神病患者等

黑龙江五大连池

不宜。我国达 CO_2 天然医疗矿泉水标准者不少,如黑龙江五大连池泉、内蒙古海拉尔维纳泉、甘肃白浪沟泉等,这类矿泉多属冷泉。

◆ 铁泉

矿泉水中总铁含量大于 10 mg/L 者属铁泉,它又可分为重碳酸铁泉(阴离子以 HCO_3^- 为主)和硫酸铁泉(阴离子以 SO_4^{2-} 为主)。

铁泉以饮疗为主。因为水中铁离子多以 Fe^{2+} 为主,暴露于空气中后很易氧化为 Fe^{3+},从而产生铁的氢氧化物、氧化物及碳酸盐等难溶盐沉淀,故应直接饮用新鲜泉水。它是治贫血的良好饮剂。铁泉也可用于浴疗,但只有铁以离子状态存在时方能透过皮肤被肌体吸收。它对皮肤及黏膜有明显的收敛作用,以硫酸铁泉效果最显著,可用于治疗皮肤病及黏膜病。但各种热性病者、急性胃炎患者、溃疡患者不宜使用。此类泉在我国很少出现,只有甘肃通调泉(总铁 35 mg/L)、黑龙江五大连池泉、云南腾冲迭水河泉等。

◆ 溴泉

矿泉水中 Br^- 含量达 25 mg/L 者属溴泉,饮疗和浴疗均可。它主要适用于治疗神经官能症、植物神经紊乱症、神经痛及失眠症等。此类泉不多,山东玉门专草湾泉(Br^- 浓度为 40 mg/L)和山东威海泉(Br^- 浓度为 33 mg/L)属此类。

◆ 硅酸泉

矿泉水中 H_2SiO_3 达 50 mg/L 以上者属硅酸泉,可作饮疗或浴疗。饮疗对肌体生长和骨骼钙化均有一定促进作用。浴疗时硅酸接触皮肤,会给人们以肥皂和类似脂肪样的感觉,对皮肤及黏膜有一定的净化作用。饮用可调节代谢及促进胃肠消化功能。有关报道显示,偏硅酸具有良好的软化血管的功能,可使人的血管壁保持弹性,对动脉硬化和心血管疾病有良好的缓解功效。硅酸泉在我国分布广泛,如云南红河哈尼族彝族自治州的攀枝花泉(H_2SiO_3 浓度为 175 mg/L)、河南临汝泉(H_2SiO_3 浓度为 165 mg/L)、辽宁汤岗子泉(H_2SiO_3 浓度为 153 mg/L)等。

◆ 碘泉

矿泉水中I⁻含量达 5 mg/L 以上者属碘泉。浴疗对动脉硬化、甲状腺机能亢进、风湿性关节炎、皮肤病等有一定疗效。饮疗适于月经失调、更年期综合症、高血压、动脉硬化等。碘泉出现甚少。

3. 典型案例——长寿之乡广西巴马瑶族自治县

巴马瑶族自治县，被誉为"世界长寿之乡·中国人瑞圣地"，隶属于中华人民共和国广西壮族自治区河池市，位于广西西北部。巴马瑶族自治县是中国长寿老人密集度最高的地区，每百万人口中百岁老人可达到 356 人。这一比例远远高于联合国教科文组织对世界长寿之乡的定义标准（每百万

广西巴马瑶族自治县百魔洞

人口中百岁老人达 75 人)。从第三次人口普查至第六次人口普查期间,巴马县 90 岁以上老人与 100 岁及以上老人的数量不断增加,是世界五大长寿之乡中百岁老人比例不断增加的唯一地区,被认为是世界五大长寿乡之首(蔡达,2017)。

经过考察得知,长寿是环境、卫生保健、生活方式、遗传和心理因素共同作用的结果。广西巴马地区的土壤和饮用水中富含 Zn 和 Mn。高 Mn、Zn 和低 Cd、Cu 的分布与长寿密度呈正相关。高 Mn、Zn,低 Cu、Cd 土壤和山泉水能使人健康长寿,人体所需的 Se、Ni 等微量元素具有较高的抗衰老作用。富含微量元素的土壤和水体导致长寿区大米中必需微量元素之和(Fe、Zn、Cu、Mn、Cr、Mo、Co、Ni、V、Se)、常量元素之和(Ca、P、K、Na、Mg)高于非长寿区。其中,饮用天然矿泉水的影响更显著。因为与食物相比,饮用水中的这些元素吸收明显更好,为生命组织提供常量、微量及痕量元素。

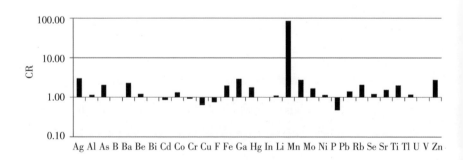

长寿区与非长寿区饮用水中关键元素含量比值的直方图(CR:元素浓度比)

(参考李维,2021)

二、劣质地下水与地方病

　　原生劣质地下水是指在自然作用下形成的、富集某些特征组分的，且长期摄入该特征组分会对人体健康造成损伤的地下水。具体表现为，在自然条件下经过多种作用造成了水化学异常，地下水中呈现高氟、高砷、高碘、高铁锰、高氨氮、高腐殖酸或高盐等特征，对应的地下水又被称为高氟地下水、高砷地下水、高碘地下水、高铁锰地下水、高氨氮地下水、高腐殖酸地下水和苦咸水。

　　地方病通常是指某一区域地质环境存在地球化学异常导致的严重影响人体健康的慢性疾病，如克山病等。地下水作为人类获取生命元素的关键纽带，长期接触（通过饮用直接接触或通过食物间接接触）原生劣质地下水可严重影响居民的身体健康，从而导致各种地方病。据不完全统计，全球有超过 2 亿人因长期饮用高氟地下水罹患地方性氟中毒症，中国约有 8000 万人；全球有 70 多个国家和地区发现高砷地下水，威胁着约 1.5 亿人的饮水安全，中国暴露人口约 2000 万；全球有 20 亿左右的人口生活在地下水碘异常地区，中国受地下水碘异常影响的人口高达 4.25 亿人。原生劣质地下水是全球性的重大环境问题，严重威胁着人类的生命健康安全。

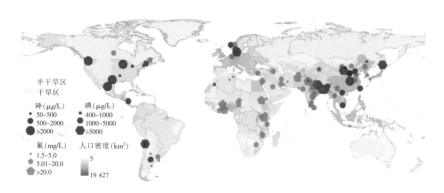

全球原生高砷、高碘、高氟地下水的分布示意图

(参考 Wang et al.,2021)

1. 高砷原生劣质地下水

砷(Arsenic, As)是自然界中一种有毒元素(三氧化二砷即为砒霜),在自然界的 200 多种矿物中均有发现。岩石和沉积物中的砷在生物地球化学作用下会进入地下水中,地下水中的砷被人们长期摄入后,可能会引起皮肤病变乃至癌变,还会对胃肠道系统、呼吸系统和神经系统产生影响。

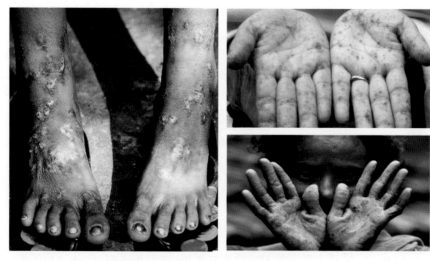

砷中毒皮肤病(图片来自甘肃疾病预防控制中心)

为保证饮水安全,世界各国及地区对饮用水中的砷含量制定了相应的限制标准。我国《生活饮用水卫生标准》(GB 5749—2022)规定:生活饮用水中砷含量不得大于 0.01 mg/L。世界卫生组织、欧盟、英国和美国等组织和国家设定饮用水中砷的浓度亦不得高于 0.01 mg/L,俄罗斯的饮用水中砷的限值为 0.05 mg/L。地方性砷中毒简称地砷病,是居住在特定地理环境条件下的居民,长期通过饮水、空气或食物摄入过量的无机砷而引起的以皮肤色素脱失或过度沉着、掌跖角化及癌变为主的全身性的慢性中毒。地砷病是一种严重危害人体健康的地方病。无机砷是世界卫生组织国际癌症研究机构确认的一类致癌物,除致皮肤改变外,可致皮肤癌、肺癌,并伴有其他内脏癌高发。在重病区,当切断砷源后或离开病区,经过多年仍有地砷病的发生,表明由砷引起的毒害可持续存在很长时间,并逐渐显示出远期危害,如皮肤改变、恶性肿瘤及其他疾病等。

高砷原生劣质地下水在我国和世界范围内广泛分布。全世界范围内有 70 多个国家发现了高砷地下水,如阿富汗、阿根廷、孟加拉国、玻利维亚、柬埔寨、智利、中国、加纳、匈牙利、印度(西孟加拉邦)、日本、墨西哥、蒙古、缅甸、尼泊尔、巴基斯坦、罗马尼亚、斯里兰卡、泰国、美国和越南等,对世界各地数百万人构成了严重的公共健康危害。受地质环境条件影响,印度、孟加拉、中国等亚洲国家地下水中砷浓度较高,且分布最为广泛。在我国,高砷地下水分布涵盖 34 个省、自治区、直辖市、特别行政区中的 20 个。按地貌单元统计,我国高砷地下水主要分布在大同盆地、准噶尔盆地、呼和浩特盆地、贵德盆地、河套平原和银川平原等干旱 / 半干旱地区的河流 /

冲积－湖积平原和盆地,以及松嫩平原、太原盆地、运城盆地、黄河冲积平原、淮河冲积平原、长江三角洲、黄河三角洲和珠江三角洲等湿润/半湿润和热带地区的冲积平原/盆地和河流三角洲。

高砷地下水中砷主要来源于硫化物矿物和铁氧化物矿物,且在两种矿物中的赋存方式有所差异,这也是导致不同原生高砷地下水形成的重要原因。高砷地下水形成过程中主要有 3 个路径:①吸附砷的铁氧化物/氢氧化物的还原性溶解;②含砷黄铁矿氧化性溶解;③砷与其他共存组分的竞争性吸附,如 PO_4^{3-}、HCO_3^- 及 NOM(天然有机质)。

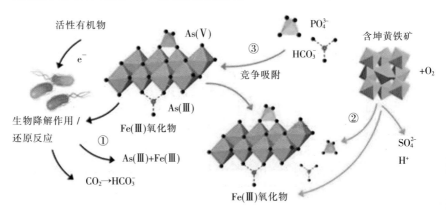

原生高砷地下水成因机理示意图(参考 Wang et al.,2021)

2. 高氟原生劣质地下水

在自然界中,氟元素(Fluorine,F)主要存在于岩石中。它是化学活性最强的非金属元素之一,也是最具有反应性的负电离子,具有极强的结合性。人体内大多数的氟存在于骨骼和牙齿内。饮用含氟量为 0.5～1.0 mg/L 的水可以有助于预防龋齿。我们生活中的很多日用品也都含有氟,如空调使用的氟利昂制冷剂、一些含氟玻璃和塑料等。最熟悉的,要数含氟牙膏。尽管氟对人类是必需的,但其最佳的摄入量也只是在一个很小的范围之内,当氟的摄入量超过机体代谢能力时,会造成牙齿造釉细胞受损,形成氟斑牙,严重情况下还可造成体内的钙、磷、氟比例失调,出现骨骼畸形、关节病变等,更严重的可形成氟骨症。

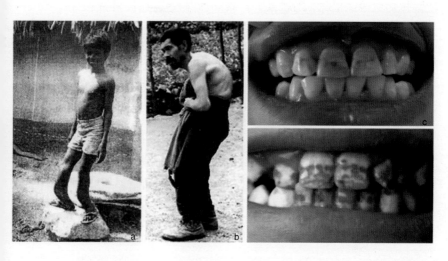

不同年龄段氟骨症患者(a、b);氟牙症牙齿(c、d)(图片来自甘肃疾病预防控制中心)

相应地,为保证饮水安全,世界范围内均制定了饮用水中氟的含量限值标准。我国《生活饮用水卫生标准》(GB 5749—2022)规定:生活饮用水中氟化物含量不得大于1.0 mg/L。印度标准局规定饮用水中氟化物的含量不得高于1.0 mg/L,世界卫生组织、欧盟、英国规定饮用水中氟化物需低于1.5 mg/L,俄罗斯规定饮用水中游离态氟需低于0.5 mg/L。

地 下 水 与 人 体 健 康

　　地方性氟中毒是世界上分布最广的地方病之一，在五大洲的40多个国家中均有发现。我国的高氟地下水主要分布在东北、华北和西北地区,地方病情况比较严重的有吉林西部、内蒙古、晋北、陕北、宁夏南部、甘肃、青海、新疆东部等地区。2020年我国卫生健康事业发展统计公报显示,我国地方性氟中毒(饮水型)病区县数1041个,控制县数953个,病区村数73 696个,8～12周岁氟斑牙病人数为29.9万,氟骨症病人6.8万人。在印度,20个邦的230个区面临饮用水中氟化物含量过高的风险,其中安得拉邦、古吉拉特邦和拉贾斯坦邦是受影响最严重的地区。

　　地下水中的氟主要来源于岩土中的含氟矿物(如萤石,CaF_2)。含氟矿物在变质岩、岩浆岩、沉积岩中均有存在,其中变质岩中含氟量最高,含氟矿物以黑云母、金云母、绢云母和角闪石为主。高氟地下水的形成受到多种因素的影响,其中包括气候条件、地貌条件、地质条件、水文地质条件、水化学环境、土壤条件等,主要受到蒸发浓缩作用、阳离子交换作用和岩石的矿物溶解的控制。全球范围内,氟化物地质带从叙利亚延伸到约旦、埃及、利比亚、阿尔及利亚、苏丹和肯尼亚,还有一条从土耳其延伸至伊拉克、伊朗、阿富汗、印度、泰国北部和中国。此外,美国和日本氟化物地质带亦被发现(Srivastava et al.,2020)。

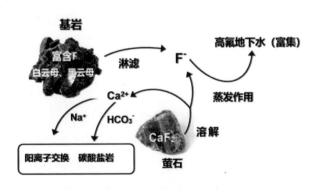

原生高氟地下水成因机理示意图(参考 Wang et al.,2021)

3. 高碘原生劣质地下水

碘(Iodine, I)是人体必需的微量元素。适量补充碘,可保障甲状腺机能正常运作,而碘摄入不足或过量则会导致严重的代谢紊乱。日常生活中,一般通过食物和饮用水摄入碘。碘摄入过低或过高都会对机体产生不良影响,严重情况下可导致呆小症或甲状腺肿大。

呆小症　　　　地方性甲状腺肿大

呆小症和甲状腺肿大(图片来自赣州市疾病预防中心)

自 20 世纪 70 年代,我国在河北省渤海湾首先发现了由于饮用含碘量过高的深井水导致的甲状腺肿大后,从 1978—2013 年已先后在 13 个省(自治区、直辖市)发现了高水碘地区。我国的《水源性高碘地区和高碘病区的划定》(GB/T 19380—2016)标准规定,以行政村为单位,水碘浓度高于 100 μg/L 的地区为高碘地区。高碘对人体健康的危害总体上还没有得到系统研究和陈述,目前高碘与高碘甲状腺肿有比较明确的关系,有临床的资料证明高碘与甲状腺功能、甲状腺疾患等有关。日本是碘摄入量很高的国家之一。在京都、北海道、东京、大阪与名古屋的大学生中,尿碘范围为 739～3286 μg/L,学生甲状腺肿大率为 8.9%,弥漫性甲状腺

肿为 7.2%,结节性甲状腺肿为 1.7%。

　　与高碘对应的是碘缺乏。碘缺乏疾病是指由于自然环境或者机体摄入碘量不足所引起的疾病,主要包括地方性甲状腺肿大、地方性克汀病和对儿童智力发育的潜在性损伤等。我国的《碘缺乏病病区划分》(GB 16005—2009)标准中规定以乡镇为单位,水碘小于 10 μg/L 并且 8～10 周岁儿童甲状腺肿大率大于 5% 的地区为碘缺乏病病区。根据世界卫生组织的报告,全球约三分之一的人口面临碘缺乏病,我国曾是世界上碘缺乏病危害最严重的国家之一,随着食盐加碘政策的大力实施,碘缺乏病得到明显控制。

　　高碘地下水是一系列地质过程和水岩相互作用的产物。由于碘元素不易富集形成矿物,多以痕量分散于岩石与土壤中,易与有机质形成络合物,因此富有机质的沉积环境和淤泥质黏土层为碘的富集创造了基础条件。所以,在地下水系统中,淤泥质黏土层是地下水中碘的主要来源。含碘有机质的降解以及蒸发浓缩作用是地下水中的碘富集的主要过程。

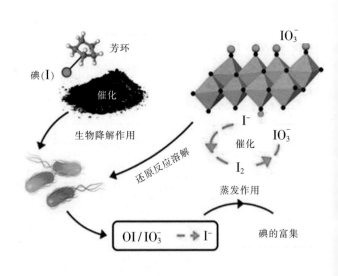

原生高碘地下水成因机理示意图(参考 Wang et al.,2021)

世界范围内高碘地下水的研究相对较少。已有研究表明,高碘地下水主要分布在沿海湿润地区,如智利、日本等。在我国,除沿海地区之外,西北干旱－半干旱局部地区亦存在高碘地下水。2017 年,国家卫生和计划生育委员会在全国范围内开展饮用水中碘含量调查,结果显示,我国水碘浓度在 10 μg/L 以下的乡占 83.6%,10～100 μg/L 之间的乡占 13.8%,大于 100 μg/L 的乡占 2.6%。高碘地下水(总碘浓度超过 100 μg/L)主要分布在滨海、黄淮海平原、内陆盆地等 11 个省(自治区、直辖市),受威胁人口约 3098 万。其中,大同盆地地下水碘含量变化范围为 14.4～2180 μg/L,约 44.8% 的地下水样点中碘浓度超过 100 μg/L,主要分布于盆地中心地下水排泄区。华北平原地下水中碘浓度为 0.88～1106 μg/L,约 48.2% 的地下水样点碘浓度超过 100 μg/L,主要分布于滨海区承压含水层中。此外,在其他地区也发现有高碘地下水,如太原盆地和关中盆地等。

4. 劣质地下水水质改良技术

全球超过 20 亿人靠饮用地下水为生,很多地区都把地下水当作唯一的饮用水源。近年来调查表明,高氟、高砷、高碘等原生劣质地下水对当地居民饮水安全造成很大威胁,采取相关技术对原生劣质地下水进行改良,除去其中的有害成分后再作为饮用水的工作已迫在眉睫。

※ 吸附法

吸附法是利用吸附剂中的离子或基团与水中异常离子进行交换,使异常离子留在吸附剂中,从而降低饮用水中异

常离子浓度的过程,吸附剂可通过再生恢复吸附能力。吸附剂主要有活性氧化铝、活性氧化镁、分子筛、沸石、骨炭、羟基磷灰石、硅藻土、粉煤灰、稀土类金属络合物等。吸附法可用于砷、氟浓度较低的深度水处理。还开发了高砷地下水地区单用户大口井简易的除砷装置。井的下部放置近80 cm高的过滤管,过滤管的外围套有滤料层,在滤料层中添加一些地质材料,抽水过程中含砷地下水经过滤料时砷被固定在滤料中,从而达到除砷的目的。

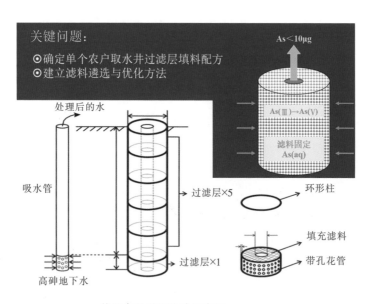

单用户吸附法除砷示意图

※ 沉淀法

沉淀法是利用沉淀剂和异常离子在水中形成沉淀或者络合物, 经过分离沉淀使水体中异常离子浓度降低的方法。沉淀法包括化学沉淀法和混凝沉淀法。化学沉淀法是目前除氟工艺中应用最广泛的方法, 适合处理氟浓度较高的水体,主要包括石灰沉淀法、钙盐沉淀法、石灰软化降氟法。混凝沉淀法多用于处理高砷地下水,通过向水溶液中加入合适的化学物质使砷离子形成沉淀或胶体,再进行过滤去除。如将铁盐和铝盐等物质加入含砷水体中,通过水解产生铁和铝的氢氧化物胶体,再与砷离子静电结合生成稳定的絮状凝聚物,沉淀分离后达到净化水体的目的。

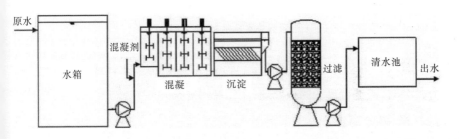

混凝沉淀法除砷示意图

※ 电化学法

目前应用的饮用水处理的电化学技术主要有电絮凝、电渗析和电吸附技术等。电絮凝技术是指在电解过程中利用阳极(铝板)溶解,生成絮凝剂,不仅可以去除水中异常离子,还可以强化去除微量的胶体颗粒、微生物和有机物。电渗析技术本质上是一种膜分离技术,驱动力是电场力。电吸附技术是一种新型脱盐技术。水溶液中离子在通电时向着带相反电荷的电极迁移,在多孔电极表面被吸附,带电粒子在电极表面富集,从而达到除盐的目的。

※ 离子交换法

离子交换法是通过阳离子交换树脂或阴离子交换树脂上的离子对异常离子进行置换,达到净水效果。离子交换法

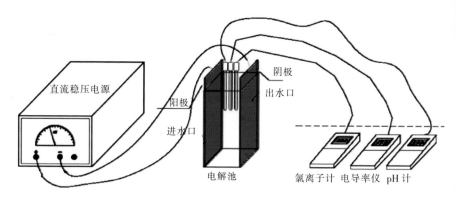

电吸附法除盐示意图

处理量大,分离效果好,维护简单,可再生使用。但当水体成分复杂时,需进行离子的预处理,操作变得复杂。

※ 膜分离法

膜分离法是利用离子在膜两边的选择渗透差异性来实现净化水体的目的。按照孔径的不同,常用的膜可分为反渗透膜(RO)、纳滤膜(NF)、超滤膜(UF)和微滤膜(MF)。利用纳滤膜可以对水中二价及二价以上离子进行有效去除。生产试验显示,纳滤膜技术是一种可靠的工艺,可去除地下水及地表水中许多成分,能重复多次使用并且不会造成污染。但由于纳滤膜法需要的设备和技术操作难度大,处理时需要大量的回流水参与,不适合在水资源匮乏的地区使用。

※ 氧化法

氧化法主要包括空气氧化法、化学氧化法和接触氧化法,该类技术主要用于除铁、锰等易于氧化的离子。以除铁离子为例,空气氧化法是指将地下水进行曝气,利用空气中的氧气将地下水中的二价铁氧化为三价铁,三价铁易转化为絮状沉淀,再将其从水中分离。该方法不需要投加化学药剂,需要

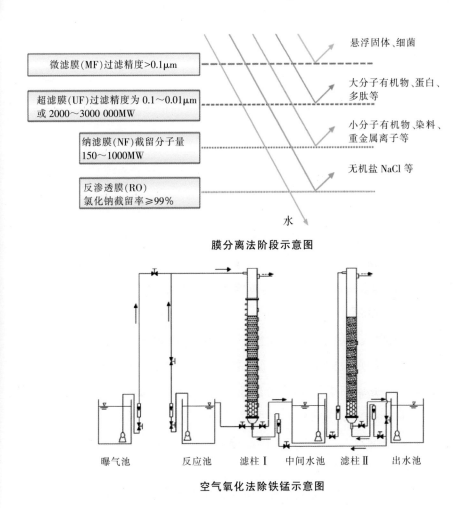

膜分离法阶段示意图

空气氧化法除铁锰示意图

较大的曝气量，但是该方法往往不能将水中的二价铁完全氧化成三价铁，尤其在偏酸性地下水中运用该方法不能达到较理想的处理效果。化学氧化法是指向地下水中投加氧化剂，利用氧化剂的强氧化性将水中二价铁氧化为三价铁氧化物。常用的氧化剂有氯气和高锰酸钾。氯气溶于水后生成$HClO$、ClO^-等强氧化剂，$HClO$、ClO^-将二价铁氧化为三价铁。高锰酸钾具有强氧化性，是比较理想的氧化剂，但在实际使用中，需要严格控制其投加量，投加过量会导致地下水呈红色。

三、变化环境下的地下水与同一健康

1. 变化的环境

人类与环境是不可分割的整体。自工业革命以来，人类文明迈上了高速发展之路，人与自然和谐共生的良性链条却被强行割断。人类的生产和生活活动，对地球上各圈层的改造达到了前所未有的高度，同时人类的生存环境也正在经历高速的变化。

经济、人口的快速增长对能源、食品和其他材料的需求与日俱增，人类正受到资源短缺或耗竭的严重挑战，包括土地资源在不断减少及退化、森林面积在不断缩小、淡水资源出现严重不足、生物物种在减少、某些矿产资源濒临枯竭、陆地和海洋生态系统在退化。

随着全球人口增加和对粮食需求的不断上升，人类开始利用各种手段发展农业，以增加耕地面积和提高粮食产量。粮食产量的增加在保障全球粮食安全方面起积极作用，但大面积的现代化农业活动可能会破坏当地原有的生态环境。联合国粮食及农业组织（Food and Agriculture Organization of the United Nations，FAO）在 2020 年全球森林资源评估报告（*Global Forest Resources Assessment*）中指出，因农业开垦导致的热带、亚热带森林损失面积高达其森林损失总面积的 73% 以上。围湖造田、围海造田成为世界各国解决耕地资源短缺的另一种有效手段，如我国的洪湖、鄱阳湖、洞庭湖、滇池等湖泊，自 20 世纪 60 年代以来开始了大规模围湖造田；以荷兰为代表的西方国家也早在 20 世纪 30 年代就开展了围海造田运动。围湖造田、围海造田严重破坏了湖区及沿海的自然环境,加剧了湿地生态系统的劣变。另外,据统计,2000 年至 2019 年间,全球初级农产品产量增长了 53%,年产量达到了 94 亿吨,这一增长主要是通过灌溉技术的发展和化肥农药的大面积使用实现的。值得注意的是,这一过程不可避免地向环境中引入大量化肥农药,造成生态环境污染。

随着城镇化的发展,从 1985 年至 2015 年,全球城市面积从 362 747 km² 增加到 653 354 km²,净扩张率为 80%,比之前的估计值高出 4 倍,且远远高于人口增长率(52%)。平均每年有 9687 km² 的土地从非城市用地转为城市用地。大约69% 的新开发城市位于亚洲和北美洲。城镇化往往以牺牲其他宝贵的土地资源为代价。自 1992 年以来,大部分城市增长(约 70%)是以牺牲农田为代价的,其次是草地(约 12%)和森林(约 9%)。城镇化以每十年 61 567 km² 的速度显著地消耗农田,而草原和森林面积的损失分别为每十年 10 246 km²和 7624 km²(Liu et al.,2020)。

除了农耕和城镇化对森林资源的消耗,木材开采也是导致森林面积减少的主要原因之一。据调查,自 1990 年至 2020年,全球共有 1.78 亿 hm² 的森林净面积损失,约等于利比亚的国土面积。非洲和南美洲在各大洲中森林损失率最高,森林损失面积分别占其森林面积的 14.2% 和 13.3%。在 2010至 2020 年间,巴西平均每年净损失约 150 万 hm² 森林面积;在巴拉圭、柬埔寨等国,每年森林的净损失面积可高达全国森林面积的 1.9% 以上(FAO,2020)。森林是陆地生态系统中重要的气候调节器。森林减少,特别是在热带地区,会导致碳排放增加,并导致当地气候变暖、变干燥,增加干旱和火灾发

生的概率,甚至会改变全球降水模式。

根据国际大坝委员会(International Commission on Large Dams, ICOLD)统计数据,截至2020年4月,国际大坝委员会记录在册的大坝(从地基最低点到顶部高度在15 m或以上的大坝,或5~15 m之间的大坝,蓄水量超过300万 m³)数量为58 713座(www.icold-cigb.org)。典型的有我国的三峡大坝,美国的胡佛水坝,巴西的伊泰普大坝等。人类在享受大坝带来的防洪、发电、航运、灌溉、供水等巨大综合经济效益的同时,也破坏了水资源的分布,改变了水生生态系统的结构和功能,促使河滨湿地面积萎缩、功能退化,同时影响物种的迁徙路径,使其生存条件进一步恶化。

工业革命使人类生产力得到巨大飞跃,与此同时,工业化过程中产生的污染物也已对地球生态系统产生了深远的影响,如工业废水、废气和废渣("三废")的排放引起的大气、水体、土壤污染。世界各国在工业化过程中先后发生环境公害事件,如比利时马斯河谷烟雾事件、美国多诺拉镇烟雾事件、英国伦敦烟雾事件、日本水俣病事件等。大量氮磷进入地表水体,使其富营养化,淡水及海洋中频繁爆发的水华,对水生生态系统造成严重威胁。北美和欧洲的湖泊中发生过蓝藻水华的比例达60%,我国的太湖、巢湖、滇池也因连年大面积爆发蓝藻水华受到广泛关注。沿海地区人口不断增加以及城市化不断发展,也使世界上许多国家和地区频繁发生赤潮(海洋中的水华)。人类开发的化学试剂如有机氯农药(DDT、六六六等)和阻燃剂多溴联苯醚(十溴联苯醚等)等目前已经在地表水、地下水、大气、室内空气、室内尘埃、土壤、沉积物、陆生与海生动植物体内检出,甚至在人类组织、血液、母乳中也检测到。它们不仅在欧洲、亚洲、北美洲等地分布,甚至在鲜有人类活动的南北极及深海也有分布,已成为全球性的持久性有机污染物。

化石燃料的大量使用,使得大量温室气体(CO_2、N_2O 等)释放进入大气,造成全球气候变暖。目前全球地表平均温度已较工业化前高出约 1℃。全球气候变暖会加剧水分蒸发,影响全球水循环中的各个过程。高温热浪和干旱并发,以风暴潮、海洋巨浪和潮汐洪水为主要特征的极端海平面事件,叠加强降水造成的复合型洪涝事件将会加剧;冰川和冻土会融化,海平面会上升;不断增加的热浪和干旱,会导致树木、鸟类、蝙蝠和鱼类等大量死亡。气候变化还与多个植物和动物物种种群的丧失有关。在未来 30 年内,全球温度上升或将达到或超过 1.5℃,极端事件、极端灾害会增加[政府间气候变化专门委员会 (The Intergovernmental Panel on Climate Change,IPCC)第 6 次评估报告,2022]。

气候变暖也在改变生态系统的功能,推动生态过程,而这些生态过程本身,最终会导致气候变暖的加剧,这个过程被称为气候正反馈。山火频发,树木因干旱和昆虫暴发而死亡,泥炭地变干燥和永冻土融化,死亡植物的分解或燃烧,会释放更多的 CO_2 进入大气。一旦这些生态过程达到一个临界点,它们将变得不可逆转,并使地球气温继续以非常高的速率上升。这对地球上的所有生物来说都将是一场灾难。

物种数量的下降是生态系统退化的早期预警指标。世界自然基金会(World Wide Fund for Nature,WWF)发布的《地球生命力报告 2022》显示,监测范围内的野生动物种群,包括哺乳动物、鱼类、爬行动物、鸟类和两栖动物的数量自 1970

年至 2018 年期间平均减少了 69%；拉丁美洲的种群数量平均下降幅度最大,高达 94%;在所有监测物种种群中,淡水物种种群数量下降幅度最大,在短短几十年间平均下降了 83%,栖息地丧失和迁徙路线受阻是洄游鱼类物种面临的主要威胁。有学者认为,第六次生物大灭绝已经开始。地球上已知物种约 200 万种,自 1500 年以来,有 150 000～260 000 种(占比 7.5%～13%)已经灭绝(Cowie et al., 2022)。

2. 变化环境下的地下水

在高速变化的环境影响下,地下水圈也在经历着一系列变化。主要包括:①人类活动直接向地下水中输入污染物,造成地下水污染;②人类活动造成生态环境改变,进而造成地下水环境恶化。

※ 污染物的输入

在过去几十年中,地下水污染已成为一个全球性的环境问题,人类各项生产和生活活动均可能对地下水造成污染。如农业活动施用化肥会向地下水输入营养盐成分,工业生产产生的各类污染物进入地下水;此外,人类的日常生活中一些不起眼的污染物也悄悄进入地下水中。

工业活动是地下水污染物的主要来源。在生产产品和矿产开发过程中会产生大量的废水、废气和废渣。若未经处理的污水和固体废弃物的淋滤液直接渗入地下水中,会对地下水造成严重污染。工业"三废"包含的各种污染物与

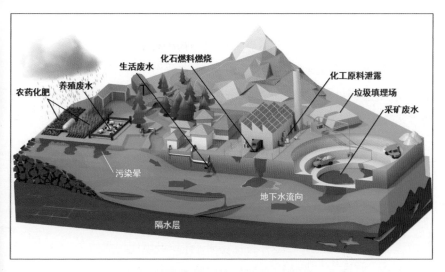

地下水污染概念图 (参考 Burri et al., 2019)

工业生产活动的特点密切相关,不同的工业性质、工艺流程、处理程度条件下，所排放的污染物种类和浓度亦有较大区别,对地下水产生的影响亦不相同。此外,工业品的储存装置、输运管道的渗漏以及偶然事故造成的泄露,也会对地下水造成污染。

农业活动伴随着化肥的施用,化肥中营养元素会随雨水入渗污染地下水。农药在当今世界的农业活动中不可或缺,其具有清除杂草、防治农作物病害的功效。在一定条件下,它亦可进入地下水造成地下水污染。除种植业外,畜牧养殖业也是地下水污染物的重要来源之一。养殖废水中除了含氮污染物和大肠杆菌外,家禽养殖过程中会在饲料或水源中添加大量抗生素和激素以降低动物发病率和生长周期,一旦养殖废水回收不彻底,这些抗生素和激素就会以各种形式进入地下水。目前,在地下水中已经检测出抗生素和激素类物质,虽然含量较低,但它们对地下水生态系统的破坏不容忽视。另外,在一些水资源缺乏的地区,污水(包括生活污水和工业废水)在经过适当处理后被用作灌溉水源。这样的污水中还含有很多污染物未处理彻底,随着灌溉活动亦会进入地下水。

随着城镇化的发展,居民排放的生活污水逐渐增加,其中污染物来自人体的排泄物、肥皂、洗涤剂、腐烂的食物等。若这些污水未经妥善处理直接排入环境,可能会对地下水造成污染。生活垃圾也会对地下水造成重要影响,尤其是未经处理的垃圾渗滤液,成分复杂,含多种有毒物质。在垃圾填埋场周边,垃圾渗滤液是地下水水质安全的最大威胁。此外,城市的兴建大量改造原有地貌条件,阻断了地下水的下渗,而短时间强降雨会在城市表面形成大面积径流,径流会裹挟着城市中存在的各类污染物进入地下水,造成地下水污染。

地下水中的污染物可以分为化学污染物、生物污染物和放射性污染物。其中化学污染物又可分为无机污染物和有机污染物。

地下水中最常见的无机污染物包括硝酸盐、亚硝酸盐、氨氮、氯离子、硫酸根、氟离子及重金属镉、铬、铅和类金属砷等。其中氮是全球最普遍的地下水污染物。据统计,全球约有110个国家和地区曾报道过地下水氮污染。全球地下水氮污染以硝态氮污染为主,主要分布在人口密集区和农业生产区,其质量浓度普遍超过安全饮用水最大允许值(10 mg/L),局部地区硝态氮浓度最大值可达574 mg/L。硝态氮污染超标区主要分布在亚洲东部、中部和西部,欧洲西北部和东南部,大洋洲,非洲南部和西部,北美洲南部和东部;铵态氮污染报道相对较少,主要分布在亚洲的菲律宾、泰国、尼泊尔、蒙古国和中国;亚硝态氮污染报道极少(陈新明等,2013)。地下水中的氮主要来自农业活动中化肥的施用。此外,在亚洲,由于雨季的强烈影响和化粪池的不良处理,地下水中氮的浓度存在显著差异;在美洲,除了受到化肥污染外,地下水中的氮还受到未经充分处理而排放的废水影响;在欧洲,垃圾填埋场、工业活动对地下水中的氮含量有显著影响;而在非洲,除了以上原因外,地下水氮污染发生的主要原因是许多国家的卫生状况不佳(如存在未经处理的化粪池)。

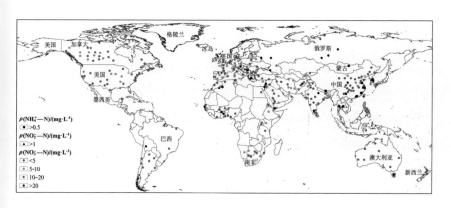

全球地下水氮污染分布示意图(参考陈新明等,2013)

地下水中的有机污染物包括生物易降解有机污染物和生物难降解有机污染物。生物易降解有机污染物即耗氧有机污染物,多属碳水化合物、蛋白质、脂肪和油类等。它们主要来自生活污水及屠宰、肉类加工、乳品、制革、制糖和食品等以动植物残体为原料加工生产的工业废水。生物难降解有机污染物包括持久性有机污染物(Persistent Organic Pollutants,POPs,具有高毒性、持

久性、生物积累性、远距离迁移性且会随食物链发生生物放大作用,如有机氯农药、多氯联苯、多溴联苯醚等)、环境内分泌干扰物(双酚A、邻苯二甲酸酯等)等。目前,地下水中已发现几百种有机污染物,主要包括芳香烃类、多环芳烃类、卤代烃类、有机农药类,且含量和种类正在迅速增加,甚至还发现了一些没有注册使用过的农药,它们主要通过农业活动和工业活动进入地下水。这些有机污染物虽然含量甚微,但却会对生态系统造成严重威胁。

地下水中的生物污染物可分为三类:细菌、病毒和寄生虫。在人和动物的粪便中有400多种细菌,已鉴定出的病毒有100多种。未经消毒的污水,尤其是生活污水和养殖废水中含有大量的细菌、病毒和寄生虫,它们会进入含水层污染地下水。如用来衡量饮用水水质的生物指标——大肠杆菌,在人体及热血动物的肠胃中经常发现;霍乱弧菌(会导致霍乱病)、伤寒沙门氏菌(会导致伤寒)等都是在地下水中曾发现并引起水媒病传染的致病菌。病毒比细菌小得多,存活时间更长,比细菌更易进入含水层,在地下水中曾检出脊髓灰质炎病毒、甲型肝炎病毒等。

除了上述常见的污染物外,随着人类社会的发展,越来越多的新型污染物也逐渐在地下水中检出。如全氟/多氟化合物(Per-and Polyfluoroalkyl Substances,PFASs)和微塑料(Microplastics,MPs)这两类新型污染物均已在地下水中检出(Samandra et al.,2022;Mao et al.,2022)。PFASs是一类理化性质稳定、疏水疏油的有机物,广泛应用于纺织、润滑、表面活性剂、食品包装、不粘涂层、电子产品、灭火泡沫等领域。PFASs属持久性有机污染物,在生物体内的蓄积水平远高于已知的有机氯农药和二噁英等持久性有机污染物,它还具有生殖毒性、神经毒性和致癌性等。微塑料是指粒径小于 5 mm 的塑料颗粒。直接生产出来的作为消费品或工业品的微塑料颗粒,称为初级微塑料,如洗面奶、沐浴露、化妆品和洗衣粉等日用品的添加微粒;由较大的塑料物品中破碎而来的塑料颗粒,称为次级微塑料。微塑料不易降解且轻质,因此很容易在生态系统中转移。它能够被生物摄取,对生物造成物理危害,如阻塞其摄食辅助器官和消化道、产生伪饱腹感等;还可以作为载体,将颗粒中或颗粒上的外源性化学物质等转移到生物体内,对生物造成化学毒性。最新研究发现亚微米级甚至微米级的微塑料均可被小麦和生菜吸收并进入相应可食用部位(Li et al.,2020)。

※ 地下水环境恶化

除了直接向地下水中引入污染物外,人类的生产生活活动还会对地下水环境产生直接或间接的影响,造成地下水环境恶化。

全球人口的剧增也带来了水资源的紧缺问题,人类大量抽取地下水用于农业、工业及生活。据统计,全球范围内 60%~70%的农业灌溉水源为地下水,且这一占比还在持续上升(Tortajada et al.,2022)。地下水的过量开采会使地下水位下降,改变地下水径流途径,严重时可形成地下水降落漏斗、导致地面沉降和湿地萎缩等。

地下水径流途径的改变,会影响地下水与其他水体的补排关系。如河流旁的城镇以傍河含水层为水源地,当大量抽取地下水时,地下水位下降,原来接受地下水补给的河流会反过来补给地下水,从而使污染的地表水进入地下,造成地下水源污染,引发饮用水水质安全问题。

在沿海地区,地下水位因过度开采而下降,或因气候变化导致的海平面上升,会改变内陆地下水与海水之间的渗流条件,导致超量海水侵入内陆淡水含水层,进而导致地下水咸化。这一过程除了伴随着含水层中离子浓度的上升外,还可能伴随着地下水水化学类型的改变,因为与海水的混合作用过程中还可能发生化学反应。由于地下水的超采,中国的渤海地区、印度东西沿海地区,以及澳大利亚、葡萄牙等地海水入侵严重;部分入侵严重地区,如印度金奈北部,海水向内陆入侵距离可达 14 km(Manivannan et al.,2019)。

由于地下水的不合理利用和现代工程建筑发展,地层中黏性土上覆压力骤增,压密作用加速,造成黏性土层压密释水,黏性土中的微生物及金属、类金属离子在渗流、压实作用下可以向含水层中释放,这会导致人为的压密 - 释放型劣质地下水的生成。如在中国华北平原,由于地下水超采,引发可压缩黏土层压实的地面沉降,进而导致黏土层中的碘释放进入地下水,使地下水中碘含量升高(Xue et al.,2019)。

长期的灌溉也会产生一系列地下水问题。灌溉分为多种模式,在一些地区,农田仍采用大水漫灌的形式进行灌溉,过度灌溉会使地下水位升高,进而增强地下水的蒸发作用,导致盐分在地下水中富集,发生地下水咸化现象。此外,周期性灌溉活动会造成地下水位周期性波动,含水介质上部的氧化还原条件也会相应发生变化(淹水条件下为还原条件,不淹水条件下为氧化条件),这会对水位波动带介质中的物质循环产生影响,如促进铁的还原性溶解,进而促进介质中的砷向地下水释放,造成地下水水质恶化。

在全球变暖的大背景下,固态地下水(永冻土)的存在形态也在发生着变化,逐渐发生冻融。永冻土中可能保留着的史前病毒,在其冻融过程中会不可避免地释放进入环境,造成生物污染。如法国艾克斯 - 马赛大学和国家科学研究中心的科学家成功从西伯利亚永久冻土层中分离出一种矩形病毒,实验证明即使其年龄已经超过三万年,但其在解冻后仍然具有传染性(Yong,2014)。埋藏在永冻土的受感染动物尸体中的炭疽孢子可以保持其完整性。2016年,西伯利亚西北部的亚马尔半岛发生了炭疽疫情,造成数千头驯鹿死亡,数十人感染,疫情的起因就是夏季热浪加速了永冻土融化引起的炭疽孢子活化(Ezhova et al.,2021)。

3. 同一健康之地下水与人体健康

"同一健康"(One Health)理念最早来源于曼哈顿外部原则中"同一世界,同一健康"(www.oneworldonehealth.org)。"同一健康"理念是指通过跨学科、跨部门、跨地区协作来预防新发传染病,保障人类健康、动物健康和环境健康,这是国际上最新的公共卫生理念(Destoumieux-Garzón et al.,2018)。这一理念得到了世界卫生组织(WHO)、联合国粮食及农业组织(FAO)、世界动物卫生组织(OIE)的高度关注和支持。

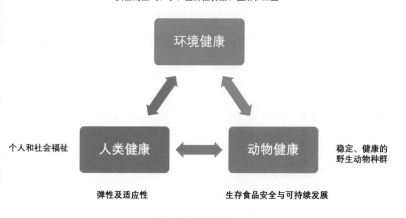

"同一健康"理念

为了应对当今复杂的健康和环境挑战，需要更多学科研究者的参与。"同一健康"利用来自多个学科和地方、国家以及全球各级研究人员的专业知识，解决人类、动物和环境卫生交叉领域的问题。人类健康包括职业健康（如工作环境中的有毒物质）、环境健康（如暴露于空气中的颗粒物）、生活方式健康（如锻炼方式、睡眠习惯等）及基因组学健康（如基因敏感性）。环境健康包括陆地健康（如牧草中微生物生长）、土壤/沉积物健康（如养分退化）及水生健康（如流域污染）。动物健康包括环境健康（如食物来源的污染）、农业健康（如饲料的使用）、生活方式健康（如动物疾病）。"同一健康"理念关注人类、环境和动物健康的交叉领域，如饮用水源污染对动物和人类健康的影响，使用杀虫剂对动物和人类健康的影响，由于气候变化造成的粮食问题对动物和人类健康的影响，从人体释放的寄生虫对动物健康的影响，将废水或医疗废物释放到环境中对动物健康的影响等（Lebov et al.，2017）。

变化环境下，地下水对人体健康的影响方式常见的有地下水中的污染物通过饮用水进入人体，挥发性污染物进入空气后再被人体吸收，污染物进入食物后再被人体摄入。如硝酸盐是威斯康星州地下水中最常见的污染物，且该州三分之二的居民使用地下水作为饮用水源。根据2010—2017年间社区供水系统的硝酸盐测试，威斯康星州每年有111～298例结直肠癌、卵巢癌、甲状腺癌、膀胱癌和肾癌病例，每年多达137～149例极低出生体重儿，72～79例极早产儿，以及两例神经管缺陷儿，这些病例均可能是饮用水中硝酸盐暴露所致（Mathewson，2020）。再如孟加拉国许多接受砷污染地下水灌溉的农作物砷累积水平超过了限值0.2 mg/kg（干重）。海芋和苋菜等都是富砷作物，在海芋中，砷的浓度可高达150 mg/kg。许多情况下，当地居民通过食物摄入的砷会超过日允许摄入量（Huq et al.，2005）。印度曼尼普尔地区地下水中砷含量较高，选取曼尼普尔地区两个地区的牛作为研究对象，结果发现暴露区牛粪、尿、乳、毛和血清中砷含量均高于对照区，牛奶中高浓度的砷表明砷已沿食物链富集(Devi et al.,2010),人类饮用这些牛奶后可能会对健康产生危害。

除此之外,地下水为地球生态系统提供了水分、营养盐分和生境条件,对生态系统的健康状态起着举足轻重的作用,支撑着地球的宜居性。而地下水对人体健康的影响也不再简单地局限于通过饮水、空气和食物直接影响,地下水还可以通过影响人类赖以生存的环境,间接影响人体健康。因此,开展地下水与人体健康的研究,实质上就是开展地下水支撑的地球生态系统与人体健康的关系研究,这也是"同一健康"理念的完美体现。

地下水过量开采导致的地面沉降会造成地表河流河床下沉,降低河道防洪排涝能力。海水入侵会导致沿海地区土壤盐分累积,盐分会降低土壤质量(降低养分含量和酶活性),进而限制作物生长,限制农业生产力。长期不合理的灌溉会造成地下水位上升,增加水分蒸发,进而导致土壤盐渍化,降低耕地质量。有报道显示,大量抽取地下水进行灌溉会引起地下水位下降,随之而来的是抽水所消耗的能源不断增加,温室气体排放量逐年上升(Qiu et al.,2018)。而地下水位的快速下降还会引起地下水含水层释放温室气体 N_2O(Weymann et al.,2009)。

湿地是宝贵的生态屏障。在干旱–半干旱地区,生态环境极为脆弱,地下水过量开采会引起湿地萎缩退化,会使得区内出现裸地、荒漠化土地,风蚀、沙化增强,还会造成区内植被退化,生物量减少,生物多样性下降,进而对生态系统稳定性造成威胁。此外,湿地对区域小气候有明显的调节效应,湿地退化后将破坏这一功能,对区域气候造成影响。另外,湿地还是多种元素的"源"与"汇",具有强大的净化功能。尽管全球湿地面积只占陆地景观的 5%~8%,但其对碳的存蓄量达到 8.3 亿吨/年(Mitsch et al.,2013),湿地退化后原本在近地表水浸润环境下储存的碳、氮组分将以温室气体形态释放进入大气圈,诱发温室效应。

永冻土(固态地下水)在漫长的历史时期中,因低温条件储存了大量的内外源碳。研究表明,全球永冻土中约保存了 1700 Gt 的碳,这约是当前大气中碳含量的 2 倍(Tarnocai et al.,2009)。随着全球变暖,细菌、古菌、真菌等随冻融大量降解冻土有机碳,产生大量 CO_2、CH_4 等温室气体,进一步加剧全球气候变暖,进而导致更严重的冻土消融。在全球尺度下气候变化 – 碳循环过程形成正反馈循环,这一过程也被称为"碳炸弹"(carbon bomb)。据学者预测,响应当今气候变化的永冻土消融量至 2100 年可达(120 ± 85)Gt 碳,这将使全球的气温增加(0.29 ± 0.21)℃(Kevin 等,2014)。在永冻土冻融过程中,封存的病毒也会随之释放出来。同时,冰川中的病毒也会随着消融释放。如美国俄亥俄州立大学的研究团队在青藏高原古利亚冰盖提取的冰芯样本中发现了 33 种不同的病毒,其历史可以追溯到 1.5 万年前,而且其中有 28 种史前病毒对于人类来说是完全未知的(Zhong et al.,2021)。冰川和永冻土中的这些史前病毒进入环境,会带来不可预测的后果,并对地球上人类的生存构成严重威胁。

湿地退化、全球变暖等不可避免地会带来生物多样性下降。生物多样性为人类提供了食物、纤维、建筑和家具材料、药物及其他工业原料。单就药物来说,发展中国家人口的 80% 依赖植物或动物提供的传统药物,中医使用的植物药材近 500 种,西方医药中使用的药物有 25% 含有最初在野生植物中发现的物质(Fowler,2006;蒋洁梅等,2022)。生物多样性还在保持土壤肥力、保证水质以及调节气候等方面发挥了重要作用(Cardinale et al.,2012),同时在大气层成分、地球表面温度、地表沉积层氧化还原电位以及 pH 值等的调控方面发挥着重要作用(Womack et al.,2010;Magnabosco et al.,2018)。地球大气层中的氧气约占大气总体积的 21%,其参与生物体内的新陈代谢过程,为维持正常生命活动提供必需的能量,这主要归功于植物的光合作用。据研究,如果断绝了植物的光合作用,大气层中的氧气将会在数千年内消耗殆尽(金玲,2012)。由此可见,生物多样性的丧失,对人类而言损失是不可估量的。

　　总之,地下水通过错综复杂的生物地球化学作用支撑着地球生态系统的运转,在变化的环境下,地下水与人体健康之间的关系更显复杂,环环相扣。因此,只有融合多学科、多领域的科学研究方法,多部门共同协作,从"同一健康"视角,才能清晰地揭示地下水对人体健康的影响。

主要参考文献

蔡达,2017. 广西长寿之乡老人饮食与代谢特征及其相关性研究[D]. 南宁:广西大学.

陈新明,马腾,蔡鹤生,等,2013. 地下水氮污染的区域性调控策略[J]. 地质科技情报,32(6):130–143,149.

龚胜生,1996. 中国宋代以前矿泉的地理分布及其开发利用[J]. 自然科学史研究,4:343–352.

何锦,张福存,韩双宝,等,2010. 中国北方高氟地下水分布特征和成因分析[J]. 中国地质,37(3):621–626.

蒋洁梅,郭巧生,金江群,等,2022. 2020年版《中国药典》植物药材采收期标准情况分析及建议[J]. 中国中药杂志,47(3):846–852.

金玲,2012. 生物多样性保护及其在生态园林中的应用[J]. 现代农业科技,24:206–208.

李维,2021. 广西巴马典型长寿区水、土壤、粮食中微量元素含量及分布规律研究[D]. 北京:中国地质大学(北京).

李学礼,孙占学,刘金辉,2010. 水文地球化学[M]. 北京:原子能出版社.

马宝强,王潇,汤超,等,2022. 全球地下水资源开发利用特点及主要环境问题概述[J]. 国土资源情报,8:1–6.

濮培民,濮江平,朱政宾,2016. 水分子结构模式及液态固态水若干特征成因探讨[J]. 气象科学,36(5):567–580.

沈照理,1993. 水文地球化学基础[M]. 北京:地质出版社.

沈照理,许绍倬,1985. 关于地下水地质作用[J]. 地球科学,1:99–105.

王多君，易丽，2009. 地球深部的水 [J]. 中国科学院研究生院学报，26(6)：721-730.

王贵玲，蔺文静，2020. 我国主要水热型地热系统形成机制与成因模式[J]. 地质学报，94(7)：1923-1937.

王丽冰，王多君，申珂玮，2022. 含水矿物电导率研究进展[J]. 中国科学院大学学报，39(4)：433-448.

王焰新，2007. 地下水污染与防治[M]. 北京：高等教育出版社.

王焰新，2020. "同一健康"视角下医学地质学的创新发展[J]. 地球科学，45(4)：1093-1102.

王周锋，郝瑞娟，杨红斌，等，2015. 水岩相互作用的研究进展[J]. 水资源与水工程学报，26(3)：210-216.

温学发，张心昱，魏杰，等，2019. 地球关键带视角理解生态系统碳生物地球化学过程与机制[J]. 地球科学进展，34(5)：471-479.

徐辉，井玲，李广生，2006. 过量氟对肾细胞内游离钙及钙泵的影响[J]. 中国地方病学杂志，4：379-381.

张人权，梁杏，靳孟贵，等，2001. 水文地质学基础[M].6 版.北京：地质出版社.

朱东栋，JIL N S，AUDE L，等，2022. 全球海洋硅循环及研究中面临的主要挑战[J]. 地学前缘，29：47-58.

ABASCAL E，GÓ MEZ-COMA L，ORTIZ I，et al.，2022. Global diagnosis of nitrate pollution in groundwater and review of removal technologies [J]. Science of The Total Environment，810：1-25.

BERTRAND G，GOLDSCHEIDER N，GOBAT J，et al.，2012. Review：From multi-scale conceptualization to a classification system for inland groundwater-dependent ecosystems[J]，Hydrogeology Journal，20(1)：5-25.

BURRI N M，WEATHERL R，MOECK C，et al.，2019. A review of threats to

groundwater quality in the Anthropocene [J]. Science of The Total Environment, 684:136-154.

CARDINALE B J,DUFFY J E,GONZALEZ A,et al.,2012. Biodiversity loss and its impact on humanity[J]. Nature,486(7401):59-67.

COLÍN-GARCÍA M,HEREDIA A,CORDERO G,et al.,2016. Hydrothermal vents and prebiotic chemistry:A review[J]. Boletín de La Sociedad Geológica Mexicana,68(3):599-620.

COWIE R H,BOUCHET P,FONTAINE B,2022. The Sixth Mass Extinction:Fact,fiction or speculation?[J]. Biological Review,97:640-663.

DESTOUMIEUX-GARZON D,MAVINGUI P,BOETSCH G,et al.,2018. The one health concept:10 years old and a long road ahead [J]. Frontiers in Veterinary Science,5:14.

DEVI H T,GHOSH C K,DATTA B K,et al.,2010. Arsenic exposure on bovine health and environmental pollution with special emphasis on groundwater system in Manipur[J]. Indian Journal of Animal Sciences,80(7):642-646.

EZHOVA E,ORLOV D,SUHONEN E,et al.,2021. Climatic factors influencing the anthrax outbreak of 2016 in Siberia,Russia [J]. EcoHealth,18(2):217-228.

FOWLER M W,2006. Plants,medicines and man [J]. Journal of the Science of Food and Agriculture,86(12):1797-1804.

GASBARRINI G,CANDELLI M,GRAZIOSETTO R,et al.,2006. Evaluation of thermal water in patients with functional dyspepsia and irritable bowel syndrome accompanying constipation [J]. World Journal of Gastroenterol,12(16):2556-2562.

GOMEZ M L,HOKE G,D'AMBROSIO S,et al.,2022. Review:Hydrogeology of Northern Mendoza （Argentina），from the Andes to the eastern plains，in the context of climate change[J]. Hydrogeology Journal，30：725-750.

HACKER B R 2008. H$_2$O subduction beyond arcs [J]. Geochemistry Geophysics Geosystems，9(3)：1-24.

HOUSE A R，SORENSEN J P R，GOODDY D C，et al.，2015. Discrete wetland groundwater discharges revealed with a three-dimensional temperature model and botanical indicators （Boxford，UK）[J]. Hydrogeology Journal，23：775-787.

HUQ S M I，NAIDU R，2005. Arsenic in groundwater and contamination of the food chain：Bangladesh scenario [M]. Natural Arsenic in Groundwater. Florida：CRC Press，111-118.

KWON E Y，KIM G，PRIMEAU F，et al.，2014. Global estimate of submarine groundwater discharge based on an observationally constrained radium isotope model[J]. Geophysical Research Letters，41：8438-8444.

LEBOV J，GRIEGER K，Womack D，et al.，2017. A framework for One Health research[J]. One Health，3：44-50.

LI L，LUO Y，LI R，et al.，2020. Effective uptake of submicrometre plastics by crop plants via a crack-entry mode[J]. Nature Sustainability，3(11)：929-937.

LIU X，HUANG Y，XU X，et al.，2020. High-spatiotemporal-resolution mapping of global urban change from 1985 to 2015 [J]. Nature Sustainability，3(7)：564-570.

MAGNABOSCO C，LIN L H，DONG H，et al.，2018. The biomass and biodiversity of the continental subsurface[J]. Nature Geoscience，11(10)：707-717.

MANIVANNAN V，ELANGO L，2019. Seawater intrusion and submarine groundwater discharge along the Indian coast[J]. Environmental Science and Pollution Research, 26(31): 31 592–31 608.

MAO R, LU Y, ZHANG M, et al., 2022. Distribution of legacy and novel per-and polyfluoroalkyl substances in surface and groundwater affected by irrigation in an arid region[J]. Science of The Total Environment, 858: 159 693.

MARTIN W, BAROSS J, KELLEY D, et al., 2008. Hydrothermal vents and the origin of life[J]. Nature Reviews. Microbiology, 6(11): 805–814.

MATHEWSON P D, EVANS S, BYRNES T, et al., 2020. Health and economic impact of nitrate pollution in drinking water: A Wisconsin case study[J]. Environmental Monitoring and Assessment, 192(11): 1–18.

MAYER A S, CARRIERE P P E, GALLO C, et al., 1997. Groundwater quality[J]. Water Environment Research, 69(4): 777–844.

MITSCH W J, BERNAL B, NAHLIK A M, et al., 2013. Wetlands, carbon, and climate change[J]. Landscape Ecology, 28(4): 583–597.

NAKAGAWA T, 2017. On the numerical modeling of the deep mantle water cycle in global-scale mantle dynamics: The effects of the water solubility limit of lower mantle minerals[J]. Journal of Earth Science, 28(4): 563–577.

PESLIER A H, SCHÖNBÄCHLER M, BUSEMANN H, et al., 2017. Water in the Earth's interior: Distribution and origin[J]. Space Science Reviews, 212(1): 743–810.

QIU G Y, ZHANG X N, YU X H, et al., 2018. The increasing effects in energy and GHG emission caused by groundwater level declines in North China's main food production plain[J]. Agricultural Water Management, 203: 138–150.

SAMANDRA S, JOHNSTON J M, JAEGER J E, et al., 2022. Microplastic contamination of an unconfined groundwater aquifer in Victoria, Australia[J]. Science of the Total Environment, 802: 149 727.

SCHAEFER K,LANTUIT H,ROMANOVSKY V E,et al.,2014. The impact of the permafrost carbon feedback on global climate [J]. Environmental Research Letters,9(8):1-9.

SRIVASTAVA S,FLORA S J S,2020. Fluoride in drinking water and skeletal fluorosis:A review of the global impact[J]. Current Environmental Health Reports,7(2):140-146.

TARNOCAI C,CANADELL J G,SCHUUR E A G,et al.,2009. Soil organic carbon pools in the northern circumpolar permafrost region [J]. Global Biogeochemical Cycles,23(2):1-11.

TORTAJADA C,GONZÁLEZ-GÓMEZ F,2022. Agricultural trade:Impacts on food security,groundwater and energy use[J]. Current Opinion in Environmental Science & Health,27:100 354.

WANG Y X,LI J X,MA T,et al.,2021. Genesis of geogenic contaminated groundwater:As,F and I [J]. Critical Reviews in Environmental Science and Technology,51(24):2895-2933.

WEYMANN D,WELL R,VON D H C,et al.,2009. Recovery of groundwater N_2O at the soil surface and its contribution to total N_2O emissions [J]. Nutrient Cycling in Agroecosystems,85(3):299-312.

WOMACK A M,BOHANNAN B J M,GREEN J L,2010. Biodiversity and biogeography of the atmosphere [J]. Philosophical Transactions of the Royal Society B:Biological Sciences,365(1558):3645-3653.

XUE X B,LI J X,XIE X J,et al.,2019. Impacts of sediment compaction on iodine enrichment in deep aquifers of the North China Plain [J]. Water Research,159:480-489.

YONG E,2014. Giant virus resurrected from 30 000-year-old ice [J]. Na-

ture,3:1–2.

ZHANG Y, SANTOS I R,LI H,et al.,2020. Submarine groundwater discharge drives coastal water quality and nutrient budgets at small and large scales [J]. Geochimica et Cosmochimica Acta,290: 201–215.

ZHONG Z P,TIAN F,ROUX S,et al.,2021. Glacier ice archives nearly 15,000–year–old microbes and phages[J]. Microbiome,9(1): 1–23.